SANBIAN LEI SHEBEI TONGYONG
JIANXIU SHIYONGHUA JISHU

变电检修通用管理规定实用化技术丛书

三变类设备通用检修实用化技术

丛 书 主 编　段　军　吕朝晖
丛书副主编　赵寿生　陈文通　王韩英

中国水利水电出版社
www.waterpub.com.cn
·北京·

内 容 提 要

本书是《变电检修通用管理规定实用化技术丛书》之一，由一线技术专家结合现场工作实际编写完成，兼顾理论和案例，对三变类设备通用管理规定作了实用化解读，有助于读者对管理规定的吸收和理解。本书主要包括三变类设备的专业巡视点、检修工艺要求、常见问题以及典型案例等内容。

本书适合从事变电设备相关工作的人员使用，也可作为变电设备运维管理、检修试验、设计施工等相关人员的专业参考书和培训教材。

图书在版编目（CIP）数据

三变类设备通用检修实用化技术 / 段军，吕朝晖主编. -- 北京 : 中国水利水电出版社，2019.9
（变电检修通用管理规定实用化技术丛书）
ISBN 978-7-5170-8037-4

Ⅰ. ①三… Ⅱ. ①段… ②吕… Ⅲ. ①变电所－检修
Ⅳ. ①TM63

中国版本图书馆CIP数据核字(2019)第209407号

书　　名	变电检修通用管理规定实用化技术丛书 三变类设备通用检修实用化技术 SANBIAN LEI SHEBEI TONGYONG JIANXIU SHIYONGHUA JISHU
作　　者	丛书主编　段　军　吕朝晖 丛书副主编　赵寿生　陈文通　王韩英
出版发行	中国水利水电出版社 （北京市海淀区玉渊潭南路1号D座　100038） 网址：www.waterpub.com.cn E-mail：sales@waterpub.com.cn 电话：（010）68367658（营销中心）
经　　售	北京科水图书销售中心（零售） 电话：（010）88383994、63202643、68545874 全国各地新华书店和相关出版物销售网点
排　　版	中国水利水电出版社微机排版中心
印　　刷	北京印匠彩色印刷有限公司
规　　格	184mm×260mm　16开本　11印张　268千字
版　　次	2019年9月第1版　2019年9月第1次印刷
印　　数	0001—4000册
定　　价	**86.00**元

丛书编委会

本书编委会

本书主编　吕朝晖　赵寿生

本书副主编　姚福申　吴杰清　方旭光

参编人员　王翊之　汪卫国　方　凯　董　升　张　双

陈昱豪　彭　涛　盛　骏　李　阳　陈　亢

杜　羿　王益旭　王瑞平　李少白　陈柯延

张佳铭　陈廉政　陈逸凡

前 言

国家电网有限公司（以下简称“国网公司”）运检部根据多年来的管理经验，以变电设备全寿命管理为主线，从变电验收、变电运维、变电检测、变电评价和变电检修5个寿命环节，结合各单位、各部门的先进工作经验，建立了一套统一变电验收、运维、检测、评价、检修管理体系。国网公司五项通用制度检修分册包括26册实施细则，对现行各项管理规定进行提炼、整合、优化和标准化，分别为26类变电设备的检修制定了指导性实施细则，内容包括检修分类及要求、专业巡视要点、检修关键工艺质量控制要求，对检修现场具有指导性意义。为切实提高电网检修人员技术技能水平，确保变电检修工作规范、扎实、有效地开展，特编写本书。

《变电检修通用管理规定实用化技术丛书》以国网公司变电检修26册实施细则为基础，将变电设备按检修习惯分为三变类、开关类等类型，根据各类设备的特点，详细论述检修实际操作方法，提出切实可行的检修措施。结合目前变电检修工作的实际情况编写而成，以现场实际案例为依托，通过介绍变电设备在运行过程当中常见缺陷和故障的分析与处理，更具象地将变电检修通用制度的内容与现场实际有机结合，旨在帮助员工快速准确判断、查找、消除设备故障，提升员工现场作业、分析问题和解决问题的能力，规范现场作业标准化流程。

本书在编写过程中得到许多领导和同事的支持和帮助，同时也参考了相关专业书籍，使内容有了较大改进，在此表示衷心感谢。

由于作者水平所限，书中难免有不妥或疏漏之处，敬请专家和读者批评指正。

作者

2019年6月

目录

第6章　其他设备检修

第 1 章

概　述

1.1 变电检修通用制度

国网公司根据制度标准一体化建设工作部署，组织制定、修订了《国家电网公司变电运维检修管理办法》《国家电网公司变电验收管理规定》《国家电网公司变电运维管理规定》《国家电网公司变电检测管理规定》《国家电网公司变电评价管理规定》《国家电网公司变电检修管理规定》等 6 项通用制度，经 2017 年国网公司第 2 次规章制度管理委员会审议通过。

《国家电网公司变电检修管理规定》坚持“安全第一，分级负责，精益管理，标准作业，修必修好”的原则，对涉及变电检修作业的各层级部门职责做详细划分，对变电检修、计划管理、检修分类、检修准备、检修方案、现场管理、检修验收、检修总结、专业巡视管理、标准化作业工机具管理、人员培训、检查与考核等做出了明确规定，形成检修作业的全过程管控，规范了变电检修管理，提高了检修水平，保证了检修质量。

（1）“安全第一”指变电检修工作应始终把安全放在首位，严格遵守法律和国家及国网公司各项安全规定，严格执行《国家电网公司电力安全工作规程》，认真开展危险点分析和预控，严防人身、电网和设备事故。

（2）“分级负责”指变电检修工作按照分级负责的原则管理，严格落实各级人员责任制，突出重点、抓住关键、严密把控，保证各项工作落实到位。

（3）“精益管理”指变电检修工作坚持精益求精的态度，以精益化评价为抓手，深入工作现场、深入设备内部、深入管理细节，不断发现问题，不断改进，不断提升，争创世界一流管理水平。

（4）“标准作业”指变电检修工作应严格执行现场检修标准化作业，细化工作步骤，量化关键工艺，工作前严格审核，工作中逐项执行，工作后责任追溯，确保作业质量。

（5）“修必修好”指各级变电检修人员应把修必修好作为检修阶段工作目标，高度重视检修前准备，提前落实检修方案、人员及物资，严格执行领导及管理人员到岗到位，严控检修工艺质量，保证安全、按时、高质量完成检修任务。

《国家电网公司变电检修管理规定》适用于公司系统 35kV 及以上变压器（电抗器）、断路器、组合电器、隔离开关、开关柜、电流互感器、电压互感器、避雷器、并联电容器、干式电抗器、串联补偿装置、母线及绝缘子、穿墙套管、电力电缆、消弧线圈、高频阻波器、耦合电容器、高压熔断器、中性点隔直装置、接地装置、端子箱及检修电源、站用变、站用交流电源、站用直流电源、构支架、辅助设施、土建设施、避雷针等 28 类设备和设施的检修工作。

检修人员在现场工作中应高度重视人身安全，针对带电设备、启停操作中的设备、瓷质设备、充油设备、含有毒气体设备、运行异常设备及其他高风险设备或环境等，应开展安全风险分析，确认无风险或采取可靠的安全防护措施后方可开展工作，严防工作中发生人身伤害。

1.2 变电检修分类及要求

变电检修包括例行检修、大修、技术改造（以下简称“技改”）、抢修、消除缺陷（“消缺”）、反事故措施（以下简称“反措”）执行等工作，按停电检修范围、风险等级、管控难度等情况分为大型检修、中型检修、小型检修三类。

1. 大型检修

满足以下任意一项的检修作业定义为大型检修：

（1）110（66）kV 及以上同一电压等级设备全停检修。

（2）一类变电站年度集中检修。

（3）单日作业人员达到 100 人及以上的检修。

（4）其他本单位认为重要的检修。

2. 中型检修

满足以下任意一项的检修作业定义为中型检修：

（1）35kV 及以上电压等级多间隔设备同时停电检修。

（2）110（66）kV 及以上电压等级主变压器（以下简称“主变”）及各侧设备同时停电检修。

（3）220kV 及以上电压等级母线停电检修。

（4）单日作业人员 50～100 人的检修。

（5）其他本单位认为较重要的检修。

3. 小型检修

不属于大型检修、中型检修的现场作业定义为小型检修。如 35kV 主变检修、单一进出线间隔检修、单一设备临停消缺等。

1.3　变电检修流程

1.3.1　勘察

为全面掌握检修设备状态、现场环境和作业需求，检修工作开展前应按检修项目类别组织合适人员开展设备信息收集和现场勘察，大型检修、中型检修项目应填写现场勘察记录（附件1）。勘察记录应作为检修方案编制的重要依据，为检修人员、工机具、物资和施工车辆的准备提供指导。

1. 勘察要求

（1）勘察人员应具备《国家电网公司电力安全工作规程》中规定的作业人员基本条件。

（2）外来人员应经过安全知识培训，方可参与现场勘察，并在勘察工作负责人的监护下工作。

（3）大型检修项目由省检修公司、地市公司运检部组织检修前勘察。

（4）中型检修项目由省检修公司分部（中心）、地市公司业务室（县公司）组织检修前勘察。

（5）小型检修项目根据检修内容，必要时由工作负责人赴现场勘察。

（6）检修工作负责人应参与检修前勘察。

（7）现场勘察时，严禁改变设备状态或进行其他与勘察无关的工作，严禁移开或越过遮拦，并注意与带电部位保持足够的安全距离。

2. 勘察内容

（1）核对检修设备台账、参数。

（2）对改造或新安装设备，须核实现场安装基础数据、主要材料型号、规格，并与土建及电气设计图纸核对。

（3）核查检修设备评价结果、上次检修试验记录、运行状况及存在缺陷。

（4）梳理检修任务，核实大修技改项目，清理反措、精益化管理要求执行情况。

（5）确定停电范围、相邻带电设备。

（6）明确作业流程，分析检修、施工时存在的安全风险，制定安全保障措施。

（7）确定特种作业车及大型作业工机具的需求，明确车辆、工机具、备件及材料的现场摆放位置。

1.3.2　检修方案编制

检修方案是检修项目现场实施的组织和技术指导文件，检修方案的编制应符合规定。

1. 大型检修项目检修方案编制要求

（1）大型检修项目检修方案应包括编制依据、工作内容、检修任务、组织措施、安全措施、技术措施、物资采购保障措施、进度控制保障措施、检修验收工作要求、作业方案等各种专项方案（附件2）。

（2）检修项目实施前30天，检修项目实施单位应组织完成检修方案编制，检修项目管理单位运维检修部（以下简称“运检部”）组织安全质量监察部（以下简称“安质部”）、调控中心完成方案审核，报分管生产领导批准。

（3）大型检修项目检修方案应报省公司运检部备案。

2. 中型检修项目检修方案编制要求

（1）中型检修项目检修方案应包括编制依据、工作内容、检修任务、组织措施、安全措施、技术措施、物资采购保障措施、进度控制保障措施、检修验收工作要求、作业方案等各种专项方案（附件2）。

（2）如中型检修单个作业面的安全与质量管控难度不大、作业人员相对集中，其作业方案则可用“小型项目检修方案（附件3）＋标准作业卡（附件4）”替代。

（3）检修项目实施前15天，检修项目实施单位应组织完成检修方案编制，检修项目管理单位运检部、安质部、调控中心完成方案审核，报分管生产领导批准。

3. 小型检修项目检修方案编制要求

（1）小型检修项目检修方案应包括项目内容、人员分工、停电范围、备品备件及工机具等。

（2）检修项目实施前3天，检修项目实施单位应组织完成检修方案编制和审批。

1.3.3 现场管理

1.3.3.1 变电站重要等级

根据变电站重要等级，将变电站划分为一类、二类、三类、四类变电站。

（1）一类变电站：交流特高压站，直流换流站，核电、大型能源基地（300万kW及以上）外送及跨大区（华北、华中、华东、东北、西北）联络750/500/330kV变电站。

（2）二类变电站：除一类变电站以外的其他750/500/330kV变电站，电厂外送变电站（100万kW及以上、300万kW以下）及跨省联络220kV变电站，主变或母线停运、开关拒动造成四级及以上电网事件的变电站。

（3）三类变电站：除二类以外的220kV变电站，电厂外送变电站（30万kW及以上，100万kW以下），主变或母线停运、开关拒动造成五级电网事件的变电站，为一级及以上重要用户直接供电的变电站。

（4）四类变电站：除一类、二类、三类以外的35kV及以上变电站。

1.3.3.2 大型检修项目

1. 现场组织

大型检修项目应成立领导小组、现场指挥部。

（1）领导小组。

1）领导小组由设备的运维、检修、调控、物资单位或部门的领导、管理人员组成。

2）一类变电站检修领导小组组长由省公司分管生产的领导担任，其他变电站检修领导小组组长由省检修公司、地市公司分管生产的领导担任。

3）领导小组负责对检修施工过程中的重大问题进行决策。

（2）现场指挥部。

1）现场指挥部由项目管理单位运检部、分部（中心）或业务室（县公司）、外包施工单位的相关人员组成。

2）现场指挥部设总指挥，负责现场总体协调以及检修全过程的安全、质量、进度、文明施工等管理。

3）一类变电站大型检修现场指挥部总指挥由省检修公司分管生产的领导担任。

4）二类、三类变电站大型检修现场指挥部总指挥由省检修公司、地市公司运检部负责人担任。

5）四类变电站大型检修现场指挥部总指挥由省检修公司分部（中心）、地市公司业务室（县公司）分管生产的领导担任。

6）现场指挥部应设专人负责技术管理、安全监督。

2. 管理要求

（1）安全技术交底。

1）开工前 2 周内，由领导小组组织项目参与单位进行安全技术交底，3 天内发布纪要。

2）开工前 1 周内，由现场指挥部组织施工、运维等单位相关人员进行现场安全技术交底，形成安全技术交底记录并存档（附件 5）。

（2）检修作业管控。

1）每日应召开早、晚例会进行日管控，由现场总指挥主持，指挥部全体成员、各作业面负责人（把关人）参加。

2）早例会布置当日主要作业面、作业面负责人和工作内容，交代当日主要的安全风险和关键质量的控制措施。

3）晚例会对当日工作进行全面点评，对次日工作进行全面安排，对主要问题进行集中决策，形成日报并报领导小组。

（3）安全质量督查。省检修公司和地市公司安质部、运检部应对检修关键节点进行督查。

1.3.3.3 中型检修项目

1. 现场组织

中型检修项目应成立现场指挥部

（1）现场指挥部由省检修公司分部（中心）、地市公司业务室（县公司）和外包施工单位的相关人员组成。

（2）现场指挥部设总指挥，负责现场总体协调以及检修全过程的安全、质量、进度、文明施工等管理。

（3）现场指挥部总指挥由省检修公司分部（中心）、地市公司业务室（县公司）生产管理人员担任。

（4）现场指挥部应设专人负责技术管理、安全监督。

2. 管理要求

（1）安全技术交底。开工前 1 周内，由现场指挥部组织施工、运维等单位相关人员进行现场安全技术交底，形成安全技术交底记录并存档。

（2）检修作业管控。

1）每日应召开早、晚例会进行日管控，由现场总指挥主持，指挥部全体成员、各作业面负责人（把关人）参加。

2）早例会布置当日主要作业面、专业负责人和工作内容，交代当日主要的安全风险和关键质量的控制措施。

3）晚例会对当日工作进行全面点评，对次日工作进行全面安排，对主要问题进行集中决策。

（3）安全质量稽查。省检修公司、地市公司安质部、运检部应对检修关键节点进行稽查。

1.3.3.4　小型检修项目

小型检修项目实行工作负责人制，小型检修项目现场管理应符合以下要求：

（1）工作负责人负责作业现场生产组织与总体协调。

（2）工作负责人（分工作负责人）每日开工前应向工作班成员、外包施工人员等交待工作内容、人员分工、安全风险辨识与控制措施，当日工作结束后应进行工作点评。

（3）工作负责人（分工作负责人）对本专业的现场作业全过程的安全、质量、进度和文明施工负责。

1.3.4　验收

1. 检修验收的一般要求

（1）检修验收是指检修工作全部完成或关键环节阶段性完成后，在申请项目验收前，对所检修的项目进行的自验收。

（2）检修验收分为班组自验收、指挥部验收、领导小组验收。

（3）班组自验收是指班组负责人对检修工作的所有工序进行全面检查验收；指挥部验收是指现场指挥部总指挥、安全与技术专业工程师对重点工序进行全面检查验收；领导小组验收是指领导小组成员对重点工序进行抽样检查验收。

（4）各级验收结束后，验收人员应向检修班组通报验收结果，验收未合格的，不得进行下一道工序。

（5）对验收不合格的工序或项目，检修班组应重新组织检修，直至验收合格。

（6）关键环节是指隐蔽工程、主设备或重要部件解体检查、高风险工序等。

（7）验收资料至少应保留1个检修周期。

2. 大型检修项目验收要求

（1）大型项目采取“班组自验收＋指挥部验收＋领导小组验收”的三级验收模式。

（2）班组自验收完成后，由班组负责人向现场指挥部申请指挥部验收。

（3）指挥部验收完成后，由现场指挥部负责人向领导小组申请领导小组验收。

（4）指挥部在检修验收前应根据规程规范要求、技术说明书、标准作业卡、检修方案等编制验收标准作业卡（附件6）。

（5）验收工作完成后应编制验收报告（附件7）。

3. 中型检修项目验收要求

(1) 中型项目采取"班组自验收+指挥部验收"的二级验收模式。

(2) 班组自验收完成后，由班组负责人向现场指挥部申请指挥部验收。

(3) 指挥部在检修验收前应根据规程规范要求、技术说明书、标准作业卡、检修方案等编制验收标准作业卡。

(4) 验收工作完成后应编制验收报告。

4. 小型检修项目验收要求

(1) 小型项目采取"班组自验收"一级验收模式，由工作负责人完成。

(2) 验收情况记录在检修标准作业卡的"执行评价"栏中。

1.3.5 检修总结

大型检修项目应进行检修总结（附件8）。对于具有典型性或施工过程中遇到的问题值得总结的中型项目，也应进行检修总结。

检修总结在检修项目竣工后7天内完成，对检修计划、检修方案、过程控制、完成情况、检修效果等情况进行全面、系统、客观的分析和总结。

检修总结按项目规模分别由领导小组、现场指挥部负责组织完成。

第2章

三变类设备

狭义上的三变类设备指的是变压器、电流互感器、电压互感器三类设备。变压器设备从用途上包括主变、站用变压器（以下简称“站用变”）、电抗器等。变压器、电流互感器、电压互感器均是借助电磁感应原理，以相同的频率，在两个或更多的线圈（绕组）之间实现电压或电流的变化。

当前，从运检管控的角度出发，三变类设备有了更加广泛的意义。除了传统的变压器、电流互感器、电压互感器，广义的三变类设备还包括了无功及过电压设备，如并联电容器、干式电抗器、消弧线圈、串联补偿装置、避雷器等。同时，为了专业上管控的便利，高频阻波器、耦合电容器、中性点隔直装置、电力电缆也并入到三变类设备进行管理。

2.1 变压器

变压器是借助于电磁感应，以相同的频率，在两个或更多的绕组之间交换交流电压和电流而传输电能的一种静止设备，如图2-1所示。变压器最主要的两部分是铁芯和绕组，连接电源的绕组为一次绕组，其余的为二次绕组。

变压器按相数可以分为单相变压器和多相变压器；按冷却方式可以分为干式变压器和油浸式变压器；按用途可以分为用于输变电系统升降电压的电力变压器，用于测量仪表和继电保护的仪用变压器，用于高压试验的试验变压器，用于特殊场合的特种变压器，如电炉变压器、整流变压器、调整变压器等。

电力变压器是发电厂和变电所的主要设备之一。发电厂发出的电能需要经远距离传输

图 2-1 变压器

才能到达用电地区，传输电压越高，电能在线路上的损耗就越小。所以需用升压变压器将发电机端的电压升高以后再进行输送。当电能输送到用户端时，又需用降压变压器将高电压降低。电网内部存在多种电压等级，因此需要用不同规格的变压器来连接。

1. 铁芯

铁芯是变压器的磁路部分，它将一次电路的电能转变为磁能，又将磁能转变为二次电路的电能。铁芯一般由导磁率很高的硅钢片制成，如图 2-2 所示。

2. 绕组

绕组是变压器的电路部分，由铜或铝等材料绕制并套装在变压器的铁芯上，如图 2-3 所示。

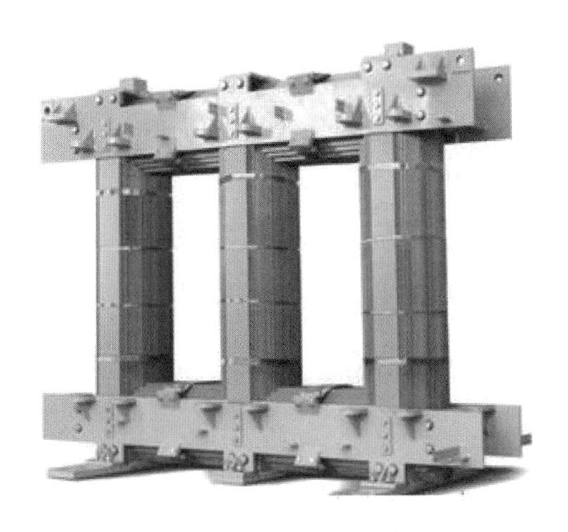

图 2-2 变压器铁芯

图 2-3 变压器绕组

3. 油箱

油箱是油浸式变压器器身的外壳，容纳变压器器身并充注着变压器油，如图 2 - 4 所示。

4. 冷却装置

变压器在运行过程中会产生热量，通过冷却装置可以及时将热量散发出去，保证变压器的安全运行。变压器冷却装置如图 2 - 5 所示。

图 2 - 4　变压器油箱

图 2 - 5　变压器冷却装置

5. 套管

变压器内部的高低压引线需要由套管引到油箱外部。套管还起到引线对地绝缘和固定引线的作用，如图 2 - 6 所示。

6. 分接开关

分接开关通过改变绕组抽头，增加或减少绕组匝数来改变电压比，变压器有载分接开关如图 2 - 7 所示。

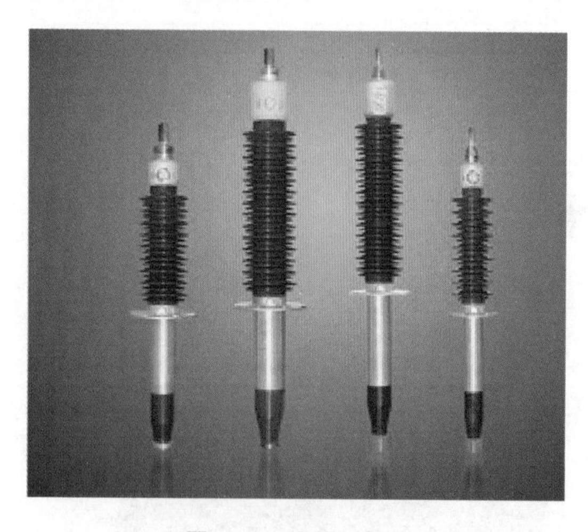

图 2 - 6　变压器套管

图 2 - 7　变压器有载分接开关

7. 储油柜

变压器油的体积会随着油温变化而发生热胀冷缩，需要安装储油柜来平衡变压器油变化的体积，如图 2 - 8 所示。

8. 气体继电器

气体继电器（瓦斯继电器）是变压器内部故障时的主要安全保护装置，安装在油箱与储油柜的连管上，如图 2 - 9 所示。当变压器发生故障产生气体或油流时，气体继电器发出信号，将变压器从电网中切除。

图 2 - 8 变压器储油柜

图 2 - 9 气体继电器

9. 温度计

温度计用于监测变压器运行温度的变化，如图 2 - 10 所示。

10. 吸湿器

吸湿器也叫呼吸器，用于清洁和干燥由于温度变化而进入变压器储油柜的空气，如图 2 - 11 所示。

图 2 - 10 温度计

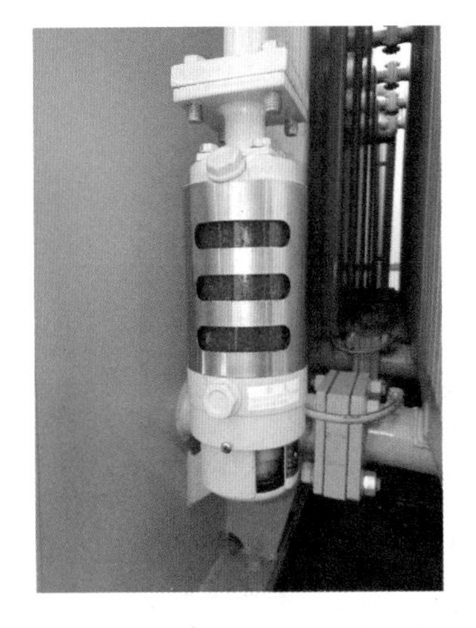

图 2 - 11 吸湿器

11. 压力释放阀

当变压器发生故障导致内部压力增大时，可通过压力释放阀（图 2 - 12）喷出变压器油，释放内部压力，保护变压器油箱。

图 2-12　压力释放阀

2.2　互感器

2.2.1　电流互感器

电流互感器是依据电磁感应原理将一次侧大电流转换成二次侧小电流来测量的设备，如图 2-13 所示。在发电、变电、输电、配电和用电的线路中电流大小悬殊，从几安到几万安都有。为便于测量、保护和控制，需要通过电流互感器转换为比较统一的电流。电流互感器与测量仪表相互配合，可测量电力系统的电流和电能；与继电器配合，则可对电力系统进行保护。同时，电流互感器还起到与电压较高的线路间的电气隔离的作用。

图 2-13　电流互感器

电流互感器的工作状态接近于短路运行的变压器，它的一次绕组匝数很少，与线路串联，二次绕组匝数很多，与仪表及继电保护装置串联。电流互感器与变压器也有所不同，电流互感器的二次电流几乎不受二次负载的影响，只随一次电流的变化而变化，所以能够在一定的准确级内测量电流。但电流互感器二次侧不能开路运行。

电流互感器的种类很多，按照不同的分类方法可以分为不同的类型。

1. 按绝缘介质分类

（1）干式电流互感器：由普通绝缘材料经浸漆处理作为绝缘的电流互感器。

（2）浇注式电流互感器：用环氧树脂或其他树

脂混合材料浇注成型的电流互感器。

（3）油浸式电流互感器：由绝缘纸和绝缘油作为绝缘的电流互感器，一般为户外型。

（4）气体绝缘电流互感器：主绝缘由气体构成的电流互感器。

2. 按安装方式分类

（1）贯穿式电流互感器：用来穿过屏板或墙壁的电流互感器。

（2）支柱式电流互感器：安装在平面或支柱上，兼作一次电路导体支柱用的电流互感器。

（3）套管式电流互感器：没有一次导体和一次绝缘，直接套装在绝缘的套管上的一种电流互感器。

（4）母线式电流互感器：没有一次导体但有一次绝缘，直接套装在母线上使用的一种电流互感器。

3. 按原理分类

（1）电磁式电流互感器：根据电磁感应原理实现电流变换的电流互感器。

（2）电子式电流互感器：有光学电流互感器、空心线圈电流互感器等多种原理型式。

2.2.2 电压互感器

电压互感器是将电力系统的高电压变换成标准的低电压（100V 或 $100\sqrt{3}$V）的设备，如图 2-14 所示。电压互感器变换电压的目的，主要是为了给测量仪表和继电保护装置供电，用来测量线路的电压、功率和电能，或者在线路发生故障时保护线路中的贵重设备、电机和变压器。

电压互感器工作原理与变压器相同，基本结构也是铁芯和原、副绕组。其特点是容量很小且比较恒定，正常运行时接近于空载状态。电压互感器不能短路运行。

图 2-14 电压互感器

电压互感器可按以下一些方式进行分类。

1. 按安装地点

按安装地点可分为户内式和户外式：35kV 及以下多制成户内式，35kV 以上则制成户外式。

2. 按绕组数目

按绕组数目可分为双绕组和三绕组电压互感器，三绕组电压互感器除一次侧和基本二次侧外，还有一组辅助二次侧，供接地保护用。

3. 按绝缘方式

按绝缘方式可分为干式、浇注式、油浸式和充气式。

4. 按结构原理

按结构原理可分为电磁式和电容式，电磁式又分为单级式和串级式。

2.3　无功及过电压设备

2.3.1　并联电容器

并联电容器（图2-15）与电网中的负荷并联，用于提高功率因数，调整电网电压，降低线路损耗以充分发挥发电、供电和用电设备的利用率，提高供电质量。电网中的电力负荷如电动机、变压器等，大部分属于感性负荷，在运行过程中需向这些设备提供相应的无功功率。在电网中安装并联电容器等无功补偿设备以后，可以提供感性负载所消耗的无功功率，减少了由电网电源向感性负荷提供并经线路输送的无功功率，由于减少了无功功率在电网中的流动，因此可以降低线路和变压器因输送无功功率造成的电能损耗。

图2-15　并联电容器

并联电容器主要由芯子、外壳和出线结构等几部分组成。电容芯子由金属箔（作为极板）与绝缘纸或塑料薄膜叠起来一起卷绕，并经若干元件、绝缘件和紧固件经过压装而构成。电容极板的引线经串、并联后引至出线瓷套管下端的出线连接片。电容器的金属外壳内充以绝缘介质油。

2.3.2　并联电抗器

并联电抗器（图2-16）是电路中用于限流、稳流、无功补偿及移相等的一种电感元件，一般接在线路的末端和地之间，其作用主要有以下几点：

（1）超高压输电线路一般距离较远，可达数百千米。由于线路采用分裂导线，线路的相间和对地电容均很大，大容量容性功率通过系统感性元件时，末端电压将升高，在超高压输电线路上接入并联电抗器后，可明显降低末端电压升高。

（2）当开断带有并联电抗器的空载线路时，并联电抗器可以降低断路器断口发生重燃的可能性，从而降低操作过电压。

（3）避免发电机带空载长线路出现自励磁过电压。

（4）有利于单相重合闸。

2.3.3 消弧线圈

消弧线圈（图 2－17）是一种带铁芯的电感线圈。消弧线圈接于变压器的中性点与大地之间，构成消弧线圈接地系统。

图 2－16 并联电抗器

图 2－17 消弧线圈

电力系统输电线路经消弧线圈接地，为小电流接地系统的一种。正常运行时，消弧线圈中无电流通过。而当电网受到雷击或发生单相电弧性接地时，中性点电位将上升到相电压，这时流经消弧线圈的电感性电流与单相接地的电容性故障电流相互抵消，使故障电流得到补偿，补偿后的残余电流变得很小，不足以维持电弧，从而自行熄灭。这样，就可使接地故障迅速消除而不致引起过电压。消弧线圈按照阻抗调节原理可分为调气隙式、调匝式、调容式、调可控硅式、偏磁式等。

2.3.4 串联补偿装置

串联补偿装置如图 2－18 所示。

在长距离输电线路中，线路电感对输电的影响较大。此时将电容器与线路电感串联在一起，电容器的电压滞后电流 90°，电感的电压超前电流 90°，则电容电压就与电感电压正好反向，可以互相抵消。当串联电容器的容抗与线路电感的感抗刚好相等时，线路电感的电压就与电容电压完全抵消，电网的输电能力大大提高，电压稳定性也大大提高。

串联电容器只能应用在高压系统中，在低压系统中由于电流太大而无法应用。串联电容器是用于补偿线路电感的无功电压，而不是补偿无功电流。因此，不管线路中有没有无功电流，串联电容器都可以起到补偿作用。串联电容器所提供的补偿量与线路电流的平方成正比，与线路的电压无关。

2.3.5 避雷器

避雷器（图 2－19）是用来保护电力系统中各种电气设备免受雷电过电压、操作过电

图2-18　串联补偿装置

压、工频暂态过电压冲击而损坏的设备。当雷击到线路上时会产生雷电波，雷电波沿着线路行进，侵入到发电厂、变电站的一次设备上，形成雷电侵入波。当雷电侵入波幅值超过电气设备的冲击耐压水平时，电气设备绝缘就有损坏的风险。在变电站的进、出线端安装避雷器是限制雷电侵入波过电压的主要措施。

图2-19　避雷器

避雷器连接在线路和大地之间，通常与被保护设备并联。当设备在正常工作电压下运行时，避雷器不会产生作用，对地面来说视为断路。一旦出现高电压，且危及被保护设备绝缘时，避雷器立即动作，将高电压冲击电流导向大地，从而限制电压幅值，保护设备绝缘。当过电压消失后，避雷器迅速恢复原状，使线路正常工作。

避雷器的主要类型有管型避雷器、阀型避雷器和氧化锌避雷器等。

氧化锌避雷器主要利用氧化锌良好的非线性伏安特性，使在正常工作电压下流过避雷器的电流极小（微安或毫安级）；当过电压作用时，电阻急剧下降，泄放过电压的能量，达到保护的效果。这种避雷器和传统避雷器的差异是它没有放电间隙，利用氧化锌的非线性伏安特性起到泄流和开断的作用。

2.4 其他设备

2.4.1 高频阻波器

高频阻波器（图2-20）是载波通信及高频保护不可缺少的高频通信元件，它阻止高频电流向其他分支泄漏，起减少高频能量损耗的作用。在高频保护中，当线路故障时，高频信号消失，高频保护无时限启动，立即切除故障。

图2-20　高频阻波器

高频阻波器一般由主线圈、调谐装置和保护装置三部分组成。

（1）主线圈。高频阻波器为单层或多层开放型结构，主线圈用裸铝扁导线绕制，线匝由玻璃钢垫块和撑条支持，经浸漆处理，整体性强，结构轻巧，适用于10～330kV线路，同时满足短路电流的要求，并可直接安装在耦合电容器上。

（2）调谐装置。调谐装置主要由电容器、电感、电阻构成，它与主线圈构成谐振回路，对高频信号起阻塞作用。电容器均采用特别研制的高频聚苯乙烯介质，其绝缘配合安全裕度远高于IEC标准。

（3）保护装置。保护装置是将阻波器所受的雷电过电压及操作过电压限制在一定的范围之内，用以保护调谐装置和主线圈，采用专为阻波器研制的带串联间隙的氧化锌避雷器。

2.4.2 耦合电容器

耦合电容器（图2-21）是电力系统高频通道中的重要设备，是用来在电力网络中传

图 2-21　耦合电容器

递信号的电容器，主要用于工频高压及超高压交流输电线路中，以实现载波、通信、测量、控制、保护及抽取电能等目的。它使得强电和弱电 2 个系统通过电容器耦合并隔离，提供高频信号通路，阻止工频电流进入弱电系统，保证人身安全。

耦合电容器的芯子装在绝缘瓷套管内，瓷套管内充有绝缘油。瓷套管两端装有金属制成的法兰，作组合连接和固定用。当电压在 110kV 及以上时，耦合电容器均为几个电容器串联组合而成。耦合电容器装有接地开关，作为高频保护、自动化系统和远动信号、调度载波通信以及电压抽取装置等二次部分的保安接地。

2.4.3　站用变

站用变（图 2-22）是变压器的一种，用于提供变电站内的生活、生产用电，同时为变电站内的设备，如保护屏、高压开关柜内的储能电机、SF_6 开关储能、主变有载调压机构等提供交流电。也可为直流系统充电。

在有 2 台及以上主变的变电所中，一般布置 2 台容量相同、互为备用的站用变。站用变主要负荷有Ⅰ类负荷、Ⅱ类负荷、Ⅲ类负荷。Ⅰ类负荷是短时停电可能影响人身或设备安全、使生产运行停顿或主变减载的负荷，如变压器冷却装置、载波、微波通信电源、微机监控系统等。Ⅱ类负荷允许短时停电，但停电时间过长，有可能影响正常生产运行，如充电装置、变压器无载调压装置、断路器和隔离开关操作电源、照明等。Ⅲ类负荷长时间停电不会直接影响生产运行，如通风机、空调、检修电源等。

图 2-22　站用变

2.4.4　中性点隔直装置

高压直流输电技术在我国电网中的运用越来越多，为了治理直流电流对交流电网影响，中性点隔直装置应运而生。

变压器中性点直流电流消除装置由电容器、机械旁路开关和快速旁路回路三者并联而成，接于变压器中性点和地之间。在没有直流电流流经变压器中性点时，机械旁路开关为合上位置。当检测到流经变压器中性点的直流电流超过限值时，机械旁路开关转为断开位置，使电容器投入，起到消除直流电流的作用。

一旦检测到流经变压器中性点的交流电流超过限值或者电容器组两端电压超限时，装置控制器即判断为交流电网发生不对称短路故障，晶闸管立即触发导通，同时机械旁路开关转为合上位置，保证变压器中性点可靠接地，如图 2-23 所示。

（a）实物图

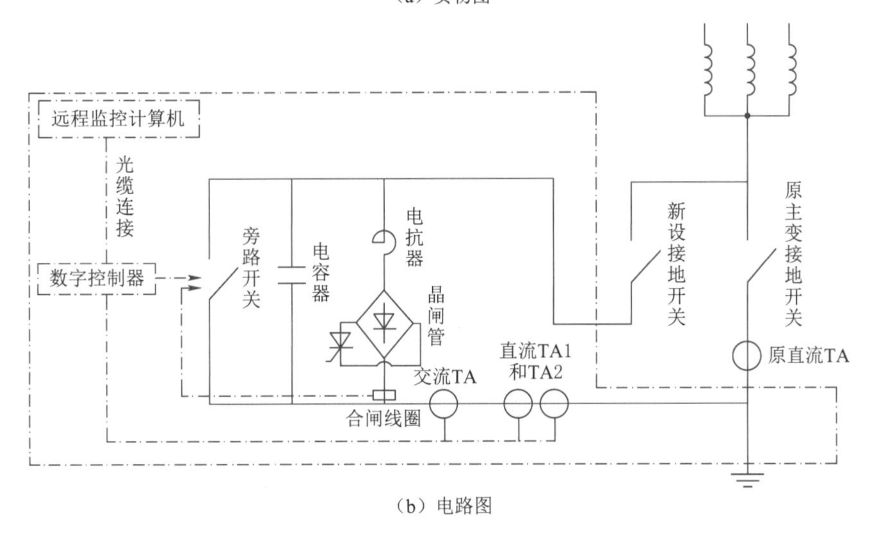

（b）电路图

图 2-23 中性点隔直装置

2.4.5 电力电缆

电力电缆是在电力系统的主干线路中用以传输和分配大功率电能的电缆，包括 1～500kV 以及以上各种电压等级、各种绝缘的电力电缆。电力电缆常用于城市地下电网、发电站引出线路、工矿企业内部供电及过江海水下输电线。在电力线路中，电力电缆所占比重正逐渐增加。

电力电缆的基本结构包括线芯（导体）、绝缘层、屏蔽层和保护层四部分，如图 2-

24 所示。

图 2-24　电力电缆

1. 线芯

线芯是电力电缆的导电部分，用来输送电能，是电力电缆的主要部分。

2. 绝缘层

绝缘层将线芯与大地以及不同相的线芯间在电气上彼此隔离，保证电能输送，是电力电缆结构中不可缺少的组成部分。

3. 屏蔽层

15kV 及以上的电力电缆一般都有导体屏蔽层和绝缘屏蔽层。

4. 保护层

保护层的作用是保护电力电缆免受外界杂质和水分的侵入，以及防止外力直接损坏电力电缆。

第3章

变压器检修

3.1 专业巡视要点

3.1.1 本体及储油柜

（1）顶层温度计、绕组温度计外观应完整，表盘密封良好，无进水、凝露，温度指示正常，并应与远方温度显示相差不超过5℃。

（2）油位计外观完整，密封良好，无进水、凝露，指示应符合油温-油位标准曲线的要求。

（3）法兰、阀门、冷却装置、油箱、油管路等密封连接处应密封良好，无渗漏痕迹，油箱、升高座等焊接部位质量良好，无渗漏油。

（4）无异常振动声响。

（5）铁芯、夹件外引接地应良好。

（6）油箱及外部螺栓等部位无异常发热。

3.1.2 冷却装置

（1）散热器外观完好、无锈蚀、无渗漏油。

（2）阀门开启方向正确，油泵、油路等无渗漏，无掉漆及锈蚀。

（3）运行中的风扇和油泵、水泵运转平稳，转向正确，无异常声音和振动，油泵油流指示器密封良好，指示正确，无抖动现象。

（4）水冷却器压差继电器、压力表、温度表、流量表的指示正常，指针无抖动现象。

（5）冷却器无堵塞及气流不畅等情况。

（6）冷却塔外观完好，运行参数正常，各部件无锈蚀，管道无渗漏，阀门开启正确，电机运转正常。

3.1.3 套管

（1）瓷套完好，无脏污、破损，无放电。

（2）防污闪涂料、复合绝缘套管伞裙、辅助伞裙无龟裂老化脱落。

（3）套管油位应清晰可见，观察窗玻璃清晰，油位指示在合格范围内。

（4）各密封处应无渗漏。

（5）套管及接头部位无异常发热。

（6）电容型套管末屏应接地可靠，密封良好，无渗漏油。

3.1.4 吸湿器

（1）外观无破损，干燥剂变色部分不超过2/3，不应自上而下变色。

（2）油杯的油位在油位线范围内，油质透明无浑浊，呼吸正常。

（3）免维护吸湿器应检查电源，检查排水孔畅通、加热器工作正常。

3.1.5 分接开关

1. 无励磁分接开关

（1）密封良好，无渗漏油。

（2）挡位指示器清晰、指示正确。

（3）机械操作装置应无锈蚀。

（4）定位螺栓位置应正确。

2. 有载分接开关

（1）机构箱密封良好，无进水、凝露，控制元件及端子无烧蚀发热。

（2）挡位指示正确，指针在规定区域内，与远方挡位一致。

（3）指示灯显示正常，加热器投切及运行正常。

（4）开关密封部分、管道及其法兰无渗漏油。

（5）储油柜油位指示在合格范围内。

（6）户外变压器的油流控制（气体）继电器应密封良好，无集聚气体，户外变压器的防雨罩无脱落、偏斜。

（7）有载开关在线滤油装置无渗漏，压力表指示在标准压力以下，无异常噪声和振动；控制元件及端子无烧蚀发热，指示灯显示正常。

（8）冬季寒冷地区（温度持续保持零下）机构控制箱与分接开关连接处齿轮箱内应使用防冻润滑油并定期更换。

3.1.6 气体继电器

（1）密封良好、无渗漏。

（2）防雨罩完好（适用于户外变压器）。

（3）集气盒无渗漏。

（4）视窗内应无气体（有载分接开关气体继电器除外）。

（5）接线盒电缆引出孔应封堵严密，出口电缆应设防水弯，电缆外护套最低点应设排水孔。

3.1.7 压力释放装置

（1）外观完好、无渗漏，无喷油现象。

（2）导向装置固定良好，方向正确，导向喷口方向正确。

3.1.8 突发压力继电器

外观完好、无渗漏。

3.1.9 断流阀

（1）密封良好、无渗漏。

（2）控制手柄在运行位置。

3.1.10 冷却装置控制箱和端子箱

（1）柜体接地应良好，密封、封堵良好，无进水、凝露。

（2）控制元件及端子无烧蚀过热。

（3）指示灯显示正常，投切温湿度控制器及加热器工作正常。

（4）电源具备自动投切功能、风机能正常切换。

3.1.11 干式变压器（干式铁芯电抗器）

（1）设备外观完整无损，器身上无异物。

（2）绝缘支柱无破损、裂纹及爬电现象。

（3）温度指示器指示正确。

（4）无异常振动和声响。

（5）整体无异常过热部位，导体连接处无异常过热。

（6）风冷控制及风扇运转正常。

3.2 检修关键工艺质量控制要求

3.2.1 套管及升高座检修

3.2.1.1 纯瓷充油套管检修

1. 安全注意事项

（1）应注意与带电设备保持足够的安全距离，准备充足的施工电源及照明。

（2）按厂家规定正确吊装设备，设置揽风绳控制方向，并设专人指挥。

（3）拆接作业使用工具袋。

（4）高空作业严禁上下抛掷物品，应按规程使用安全带，安全带应挂在牢固的构件上，禁止低挂高用。

（5）严禁人员攀爬套管。

2. 关键工艺质量控制

（1）拆除套管前先进行本体排油，排油时应将变压器油枕与气体继电器连接处的阀门关闭，瓦斯排气打开，将油面降至手孔 200mm 以下。

（2）设置检修手孔的升高座，应将油面降至检修孔下沿 200mm 以下。

（3）所有经过拆装的部位，其密封件应更换。

（4）导电杆和连接件紧固螺栓或螺母有防止松动的措施。

（5）重新组装时应更换新胶垫，位置放正，胶垫压缩均匀，密封良好。

（6）绝缘筒与导电杆中间应有固定圈防止窜动，导电杆应处于瓷套的中心位置。

（7）更换放气塞密封圈时确保密封圈入槽。

（8）穿缆式套管复装。

1）应先用斜纹布带缚住导电杆，将斜纹布带穿过套管作为引导，拉紧斜纹布带将导电杆拉出套管顶端，再依次对角拧紧安装法兰螺栓，使密封垫均匀压缩 1/3（胶棒压缩 1/2）。

2）确认导电杆到位后，穿好导电杆定位销，在拧紧固定密封垫圈螺母的同时，应确定导电杆与套管上的卡槽对应吻合，注意套管顶端密封垫的压缩量，防止渗漏油或损坏瓷套。

（9）导杆式套管复装。

1）先找准其内部软连接的对应安装角度，依次对角拧紧安装法兰螺栓，使密封垫均匀压缩 1/3（胶棒压缩 1/2）。

2）调整套管外端子的方向，以适应和外接线排的连接，最后将套管外端子紧固。

（10）检修过程中采取措施防止异物掉入油箱。

3.2.1.2 油纸电容型套管检修

1. 安全注意事项

（1）应注意与带电设备保持足够的安全距离，准备充足的施工电源及照明。

（2）吊装套管时，用缆绳绑扎好，并设专人指挥。

（3）吊装套管时，其倾斜角度应与套管升高座的倾斜角度基本一致。

（4）拆接作业使用工具袋。

（5）高空作业应按规程使用安全带，安全带应挂在牢固的构件上，禁止低挂高用。

（6）严禁上下抛掷物品。

（7）套管检修时，应做好防止异物落入主变内部的措施。

2. 穿缆式电容型套管检修关键工艺质量控制

（1）拆除套管前先进行排油，排油应在相对湿度不大于 75%时进行，变压器排油时，将变压器油枕与气体继电器连接处的阀门关闭，瓦斯排气打开，将油面降至升高座上沿

200mm 以下。

(2) 所有经过拆装的部位，其密封件必须更换。

(3) 应先拆除套管顶部端子和外部连线的连接，再拆开套管顶部将军帽，脱开内引线头，用专用带环螺栓拧在引线头上，并拴好合适的吊绳。

(4) 拆装有倾斜度的套管应使用专用吊具，起吊过程中应保证套管倾斜度和安装角度一致，并保证油位计的朝向正确。

(5) 套管拆卸时，应在吊索轻微受力以后方可松开法兰螺栓。

(6) 起吊前确认对接面已脱胶，沿套管安装轴线方向缓慢吊出套管，同时正确控制牵引绳。

(7) 检查导电连接部位应无过热现象。

(8) 拆下的套管应垂直放置于专用的作业架上固定牢固，并对下节采取临时包封，防止受潮。在检修现场可短时间倾斜放置，对套管头部位置进行垫高处理，套管起吊后，应做好防止异物落入主变内部的措施。

(9) 外表面应清洁，无放电、裂纹、破损，油位应正常，注油孔密封良好。

(10) 连接端子应完整无损，无放电、过热、烧损痕迹。

(11) 末屏端子绝缘应良好，接地应可靠，无放电、损坏、渗漏。

(12) 拆除外引接地结构末屏端子时，应采取措施防止端部转动造成损坏。

(13) 弹簧式结构末屏端子应保持内部弹簧复位灵活，防止接地不良。

(14) 通过压盖弹片式结构末屏端子应注意检查弹片弹力，避免弹力不足。

(15) 压盖式结构末屏端子应避免螺杆转动，造成末屏内部连接松动损坏。

(16) 下尾端均压罩位置应准确，固定可靠，应用合适的工具测试拧紧程度。

(17) 套管复装时先检查密封面，应平整无划痕、无漆膜、无锈蚀，再更换密封垫。

(18) 穿缆引线绝缘破损应用干燥好的白布带进行半叠包扎。

(19) 先将穿缆引线的引导绳及专用带环螺栓穿入套管的引线导管内。

(20) 起吊高度到位以后，将引导绳的专用螺栓拧紧在引线头上并穿入套管的导管，收紧引导绳拉直引线（确认引线外包绝缘完好），然后逐渐放松并调整吊钩使套管沿安装轴线徐徐落下的同时应防止套管碰撞损坏，并适度拉紧引导绳防止引线打绕，套管落到安装位置时引线头必须同时拉出到安装位置，否则应重新吊装（应打开人孔，确认应力锥进入均压罩）。

(21) 依次对角拧紧安装法兰螺栓，使密封垫均匀压缩 1/3（胶棒压缩 1/2）。

(22) 确认导电杆到位后，在拧紧固定密封垫圈螺母的同时应注意套管顶端密封垫的压缩量，防止渗漏油或损坏瓷套。

(23) 在安装套管顶部内引线头时应使用足够力矩的扳手锁紧将军帽，更换将军帽的密封垫，定位螺母安装方向正确。

(24) 如更换新套管，运输和安装过程中套管上端都应该避免低于套管的其他部位，以防止气体侵入电容芯棒。

(25) 套管安装完毕后应缓慢打气体继电器的主阀门，对套管、升高座及气体继电器等可能存气的部件进行排气，并将油位调整至正常油位。

3. 导杆式电容型套管检修关键工艺质量控制

(1) 所有经过拆装的部位，其密封件必须更换。

(2) 导杆式套管应先拆除下部与引线的连接，再进行吊装。

(3) 外表面应清洁，无放电、裂纹、破损，油位应正常，无渗漏现象。

(4) 连接端子应完整无损，无放电、过热、烧损痕迹。

(5) 末屏端子接地应可靠，绝缘应良好，无放电、损坏、渗漏现象。

(6) 通过外引接地的结构末屏端子应避免松开末屏引出端子的紧固螺母打开接地片，防止端部转动造成损坏。

(7) 弹簧式结构末屏端子应保持内部弹簧复位灵活，防止接地不良。

(8) 通过压盖弹片式结构末屏端子应注意检查弹片弹力，避免弹力不足。

(9) 压盖式结构末屏端子应避免螺杆转动，造成末屏内部连接松动损坏。

(10) 下尾端均压罩位置应准确，固定可靠，应用合适的工具测试拧紧程度。

(11) 套管复装时应检查密封面，应平整、无划痕、无漆膜、无锈蚀。

(12) 安装有倾斜度的套管必须使用可以调整套管倾斜角度的吊索具，起吊套管后应调整套管倾斜度和安装角度一致，并保证油位计的朝向正确。

(13) 将套管放入安装位置后依次对角拧紧安装法兰螺栓，使密封垫均匀压缩1/3(胶棒压缩1/2)。

(14) 在拧紧固定密封垫圈螺母的同时应注意套管顶端密封垫的压缩量，防止渗漏油或损坏瓷套。

(15) 更换新套管，运输和安装过程中套管上端都应该避免低于套管的其他部位。

3.2.1.3　升高座（套管型电流互感器）检修

1. 安全注意事项

(1) 应注意与带电设备保持足够的安全距离，准备充足的施工电源及照明。

(2) 吊装升高座时，应选用合适的吊装设备和正确的吊点，使用揽风绳控制方向，并设置专人指挥。

(3) 拆接作业使用工具袋，防止高处落物。

(4) 高空作业应按规程使用安全带，安全带应挂在牢固的构件上，禁止低挂高用。

(5) 严禁上下抛掷物品。

(6) 升高座检修时，应做好防止异物落入主变内部的措施。

2. 关键工艺质量控制

(1) 所有经过拆装的部位，其密封件应更换。

(2) 应先将外部的二次连接线全部脱开，裸露的线头应立即单独绝缘包扎并做好标记。

(3) 拆装有倾斜度的升高座应使用专用吊具，起吊过程中应保证套管倾斜度和安装角度一致。

(4) 拆下后应注油或充干燥气体密封保存。

(5) 更换引出线接线端子和端子板的密封胶垫，胶垫更换后不应有渗漏。

(6) 更换端子后应做极性试验确保正确。

（7）对安装有倾斜的及有导气连管的升高座，应先将其全部连接到位以后统一紧固，防止连接法兰偏斜或密封垫偏移和压缩不均匀。对无导气连管的升高座，更换排气螺栓的密封胶垫，注油后应逐台排气。

（8）依次对角拧紧安装法兰螺栓，使密封垫均匀压缩1/3（胶棒压缩1/2）。

（9）未使用的互感器二次绕组应可靠短接后接地。

3.2.2 储油柜及吸湿器检修

3.2.2.1 储油柜检修

1. 安全注意事项

（1）应注意与带电设备保持足够的安全距离，准备充足的施工电源及照明。

（2）吊装储油柜时应选用合适的吊装设备和正确的吊点，设置揽风绳控制方向，并设置专人指挥。

（3）储油柜要放置在事先准备好的枕木上，以防损坏储油柜。

（4）拆接作业使用工具袋，防止高处落物。

（5）高空作业应按规程使用安全带，安全带应挂在牢固的构件上，禁止低挂高用。

（6）严禁上下抛掷物品。

2. 胶囊式储油柜检修关键工艺质量控制

（1）更换所有连接管道的法兰密封垫。

（2）拆除管道前关闭连通气体继电器的碟阀，拆除后应及时密封。

（3）起吊储油柜时注意吊装环境。

（4）放出储油柜内的存油，取出胶囊，清扫储油柜，储油柜内部应清洁，无锈蚀和水分。

（5）排除集污盒内污油。

（6）储油柜内有小胶囊时，应排净小胶囊内的空气，检查玻璃管、小胶囊、红色浮标应完好。

（7）若变压器有安全气道则应和储油柜间互相连通。

（8）胶囊应无老化开裂现象，密封性能良好。

（9）胶囊在安装前应在现场进行密封试验，如发现有泄漏现象，需对胶囊进行更换。

（10）清洁胶囊，将胶囊挂在挂钩上，保证胶囊悬挂在储油柜内，防止胶囊堵塞各联管口。

（11）集污盒、塞子整体密封良好无渗漏，耐受油压为0.05MPa，6h无渗漏。

（12）保持连接法兰的平行和同心，密封垫压缩量为1/3（胶棒压缩1/2）。

（13）管式油位计复装时应注入3～4倍玻璃管容积的合格绝缘油，排尽小胶囊中的气体。

（14）指针式油位计复装时应根据伸缩连杆的实际安装节点用手动模拟连杆的摆动，观察指针的指示位置应正确，然后固定安装节点。

（15）胶囊密封式储油柜注油时，打开顶部放气塞，直至冒油，立即旋紧放气塞，再调整油位，以防止出现假油位。

（16）拆装前后应确认蝶阀位置正确。

3. 隔膜式储油柜检修关键工艺质量控制

（1）用吊车和吊具吊住储油柜，拆除储油柜固定螺栓，吊下储油柜。

（2）更换所有与储油柜连接管路的法兰密封垫。

（3）清洗油污，清除锈蚀后应重新防腐处理。

（4）清扫上下节油箱内部。检查内壁应清洁，无毛刺、锈蚀和水分。

（5）管路畅通，无杂质、锈蚀和水分。

（6）隔膜无老化开裂、损坏现象，双重密封性能良好。

（7）储油柜复装时保持连接法兰的平行和同心，密封垫压缩量为1/3（胶棒压缩1/2），确保接口密封和畅通。

（8）密封试验：充油（气）进行密封试验，压力0.023～0.03MPa，时间12h。

（9）隔膜式储油柜注油后应排尽气体后塞紧放气塞。

（10）拆装前后应确认蝶阀位置正确。

4. 金属波纹储油柜检修关键工艺质量控制

（1）应更换所有连接管道的法兰密封垫。

（2）用吊车和吊具吊住储油柜，拆除储油柜固定螺栓，吊下储油柜。

（3）通过观察金属隔膜膨胀情况，调整油位指示与油位曲线表温对应，确保指示清晰正确，无假油位现象。

（4）管道应清洁，管道内应畅通，无杂质、锈蚀和水分。保证接口密封和呼吸畅通。

（5）更换后在限定体积时压力0.02～0.03MPa，时间12h应无渗漏（内油式不能充压）。

（6）储油柜复装时保持连接法兰的平行和同心，密封垫压缩量为1/3（胶棒压缩1/2），确保接口密封和畅通，储油柜本体和各管道固定牢固。

（7）打开放气塞，待排尽气体后关闭放气塞。

（8）按照油温-油位标准曲线调整油量。

（9）拆装前后应确认蝶阀位置正确。

（10）检查金属波纹移动滑道和滑轮完好、无卡涩。

3.2.2.2　吸湿器检修

1. 安全注意事项

（1）拆卸前检查吸湿器的呼吸情况。

（2）拆卸中需有专人扶持，防止吸湿器滑落损坏。

（3）更换吸湿器及吸湿剂期间，应将相应重瓦斯保护改投信号，工作结束后恢复。

2. 关键工艺质量控制

（1）吸湿剂宜采用无钴变色硅胶，应经干燥。

（2）吸湿剂的潮解变色不应超过2/3，更换硅胶应保留1/6～1/5高度的空隙。

（3）更换密封垫，密封垫压缩量为1/3（胶棒压缩1/2）。

（4）油杯注入干净变压器油，加油至正常油位线，油面应高于呼吸管口。

（5）新装吸湿器，应将内口密封垫拆除，并检查吸湿器呼吸是否畅通。

3.2.3 分接开关检修

3.2.3.1 有载分接开关检修

1. 安全注意事项

(1) 检修前断开有载分接开关控制、操作电源。

(2) 拆接作业使用工具袋，防止高处落物。

(3) 按厂家规定正确吊装设备，用缆风绳在专用吊点用吊绳绑好，并设专人指挥。

(4) 高空作业应按规程使用安全带，安全带应挂在牢固的构件上，禁止低挂高用。

(5) 严禁上下抛掷物品。

(6) 严禁踩踏有载开关防爆膜。

2. 电动机构箱检修关键工艺质量控制

(1) 机构箱密封与防尘情况良好。

(2) 电气控制回路各接点接触良好。

(3) 机械传动部位连接良好，有适量的润滑油。

(4) 电气和机械限位良好，升降挡圈数符合制造厂规定。

(5) 机构挡位指针停止在规定区域内，与顶盖挡位、远方挡位一致。

3. 切换开关或选择开关检修关键工艺质量控制

(1) 在整定工作位置，小心吊出切换开关芯体。

(2) 用合格绝缘油冲洗管道及油室内部，清除切换芯体及选择开关触头转轴上的游离碳。

(3) 紧固件无松动现象，过渡电阻及触头无烧损。

(4) 快速机构的弹簧无变形、断裂。

(5) 各触头编织软连接线无断股、起毛，触头无严重烧损。

(6) 过渡电阻无断裂，直流电阻阻值与产品出厂铭牌数据相比，其偏差值不大于±10%。

(7) 触头接触电阻应符合要求。

(8) 绝缘筒完好，绝缘筒内外壁应光滑、颜色一致，表面无起层、发泡裂纹或电弧烧灼的痕迹。

(9) 绝缘筒与法兰的连接处无松动、变形、渗漏油。

(10) 组装后的开关、检测动作顺序及机械特性应符合出厂技术文件的要求。

4. 分接选择器、转换选择器检修关键工艺质量控制

(1) 检查分接选择器和转换选择器触头的工作位置，分接选择器和转换选择器动、静触头无烧伤痕迹与变形，无过热、磨损迹象。

(2) 检查绝缘杆无损伤、分层开裂及变形。

(3) 对带正反调压的分接选择器，检查连接“K”端分接引线在“+”“-”位置上与转换选择器的动触头支架（绝缘杆）的间隙不小于10mm。

(4) 级进槽轮传动机构完好。

(5) 手摇操作分接选择器1→n和n→1方向分接变换，逐挡检查分接选择器触头分合动作和啮合情况。

5. 在线净油装置检修关键工艺质量

（1）接地装置可靠，金属部件无锈蚀，承压部件无变形，各部位无渗油。

（2）更换滤芯和部件可在变压器不停电状况下进行。

（3）检修完毕后要在滤油机内部进行循环、补油、放气。

（4）拆装前后应确认蝶阀位置正确。

3.2.3.2 无励磁分接开关检修

1. 安全注意事项

应注意与带电设备保持足够的安全距离，准备充足的施工电源及照明。

2. 关键工艺质量控制

（1）应先将开关调整到极限位置，安装法兰应做定位标记，三相联动的传动机构拆卸前也应做定位标记。

（2）逐级手摇时检查定位螺栓应处在正确位置。

（3）极限位置的限位应准确有效。

（4）触头表面应光洁，无变色、镀层脱落及损伤，弹簧无松动。触头接触压力均匀、接触严密。

（5）绝缘件、绝缘筒和支架应完好，无受潮、破损、剥离开裂或变形、放电，表面清洁无油垢。

（6）操作杆绝缘良好，无弯曲变形，拆下后，应做好防潮、防尘措施。

（7）绝缘操作杆U形拨叉应保持良好接触。

（8）复装时对准原标记，拆装前后指示位置必须一致，各相手柄及传动机构不得互换。

（9）密封垫圈入槽、位置正确，压缩均匀，法兰面啮合良好无渗漏油。

（10）调试最好在注油前和套管安装前进行，应逐级手动操作，操作灵活无卡滞，观察和通过测量确认定位正确、指示正确、限位正确。

（11）无励磁分接开关在改变分接位置后，必须测量使用分接位置的直流电阻和变比。

3.2.4 冷却装置检修

3.2.4.1 散热器检修

1. 安全注意事项

（1）应注意与带电设备保持足够的安全距离，准备充足的施工电源及照明。

（2）吊装散热器时，设专人指挥并有专人扶持。

（3）拆接作业使用工具袋。

（4）高空作业应按规程使用安全带，安全带应挂在牢固的构件上，禁止低挂高用。

（5）严禁上下抛掷物品。

（6）起吊搬运时，应避免散热器片划伤。

2. 关键工艺质量控制

（1）散热器拆卸后，应用盖板将蝶阀封住。

（2）检查无渗漏点，片式散热器边缘不允许有开裂。

（3）放气塞子透气性和密封性应良好，更换密封圈时应使密封圈入槽。

(4) 用盖板将接头法兰密封，加油压进行试漏，试漏标准：片式散热器，正压0.05MPa、时间2h；管状散热器，正压0.1MPa、时间2h。

(5) 检查蝶阀应完好，安装方向、操作杆位置应统一，开闭指示标志应清晰、正确。

(6) 吊装时确保密封面平行和同心，密封胶垫放置位置准确，密封垫压缩量为1/3（胶棒压缩1/2）。

(7) 调试时先打开下蝶阀开启至1/3或1/2位置，待顶部排气塞冒油后旋紧，再打开上蝶阀，最终确认上、下蝶阀均处于开启位置。

(8) 风机的调试应运行5min以上。转动方向正确，运转应平稳、灵活，无异常噪声，三相电流基本平衡。

(9) 拆装前后应确认蝶阀位置正确。

3.2.4.2 强油循环冷却装置检修

1. 安全注意事项

(1) 应注意与带电设备保持足够的安全距离，准备充足的施工电源及照明。

(2) 吊装散热器时，设专人指挥并有专人扶持。

(3) 拆接作业使用工具袋。

(4) 高空作业应按规程使用安全带，安全带应挂在牢固的构件上，禁止低挂高用。

(5) 严禁上下抛掷物品。

2. 关键工艺质量控制

(1) 上、下油室内部应清洁，冷却管应无堵塞现象。

(2) 放油塞透气性、密封性应良好，更换密封圈并入槽，不渗漏。

(3) 检查蝶阀和连管的法兰密封面应平整，无划痕、锈蚀、漆膜；连接法兰的密封面应平行和同心，密封垫均匀压缩1/3（胶棒压缩1/2）。

(4) 调试时先打开下蝶阀开启至1/3或1/2位置，待顶部排气塞冒油后旋紧，再打开上蝶阀，最终确认上、下蝶阀均处于开启位置，限位良好。

(5) 整组冷却器调试检查转动方向正确，运转平稳，无异声，各部密封良好，不渗油，无负压，油泵和风机负载电流分别无明显差异。

(6) 油流继电器的指针指示正确、无抖动，微动开关信号切换正确稳定，接线盒盖应密封良好。

(7) 进行冷却装置联动试验：主供、备供电源投切正常；在冷却器故障状态下备用冷却器应能正确启动；依次开启所有油泵，延时间隔应在30s以上，不应出现气体继电器和压力释放阀的误动。

(8) 拆装前后应确认蝶阀位置正确。冷却器拆后各封口应封闭良好。

3.2.4.3 潜油泵更换

1. 安全注意事项

(1) 应注意与带电设备保持足够的安全距离，准备充足的施工电源及照明。

(2) 带电更换潜油泵前，应申请停用主变重瓦斯保护。

(3) 拆卸前断开潜油泵电源，拆开电源连接线。

(4) 在拆卸潜油泵过程中，其下部放垫块作支撑，防止油泵重物伤人。

2. 关键工艺质量控制

(1) 叶轮转动应平稳、灵活。

(2) 检查油泵应转向正确，泵试转应平稳、灵活，无转子扫膛、叶轮碰壳等异声，三相空载电流平衡。

(3) 油流继电器指示正确。

(4) 检查法兰密封面应平整，无划痕、锈蚀、漆膜；各对接法兰正确对接，密封垫位置准确，依次对角拧紧安装法兰螺栓，使密封垫均匀压缩1/3（胶棒压缩1/2）。

(5) 拆装前后应确认蝶阀位置正确。

(6) 更换后该组停运冷却器内气体应充分排出。

3.2.4.4 油流继电器更换

1. 安全注意事项

(1) 应注意与带电设备保持足够的安全距离，准备充足的施工电源及照明。

(2) 拆卸前断开油流继电器电源及信号连接线。

2. 关键工艺质量控制

(1) 挡板应铆接牢固，无松动、开裂。返回弹簧应安装牢固，弹力适当。

(2) 指针及表盘应清洁，无灰尘、水雾，转动灵活无卡滞；转动挡板，主动磁铁与从动磁铁应同步转动，观察指针应同步转动，无卡滞现象。

(3) 用手转动挡板，在原位转动85°时，用万用表测量接线端子，微动开关应动作正确。

(4) 波纹管连接应保证平行和同心，并使密封垫位置准确，压缩量为1/3（胶棒压缩1/2）。检查法兰密封面应平整，无划痕、锈蚀、漆膜。

(5) 拆装前后应确认蝶阀位置正确。

(6) 更换后注意充分排气。

3.2.4.5 风机更换

1. 安全注意事项

(1) 更换风机前，必须切断风机的电源，在拆装电机期间严禁送电，停送电必须有专人负责。

(2) 应注意与带电设备保持足够的安全距离，准备充足的施工电源及照明。

(3) 先打开接线盒将电源连接线脱开，拆卸过程中注意防止叶轮碰撞变形。

2. 关键工艺质量控制

(1) 拆电机前标记电源相序，装电机前检查电源相序是否准确。

(2) 检查叶片与托板的铆接应牢固，叶片角度应一致，动垫圈锁紧。

(3) 拨动叶轮转动灵活后，接通380V交流电源，运行5min以上。

(4) 试运转风机转动平稳，转向正确，无异声，三相电流基本平衡。

3.2.4.6 冷却装置控制箱检修

1. 安全注意事项

(1) 工作前断开柜内各类交直流电源并确认无压，防止人员低压触电伤害及各类电源发生接地、短路等故障。

(2) 应注意与带电设备保持足够的安全距离，准备充足的施工电源及照明。

2. 关键工艺质量控制

（1）控制箱内清洁无杂物，加热驱潮装置应正常。

（2）检查电源开关、接触器和热继电器触点应完好无烧损，接线牢固可靠。

（3）检查切换开关外观完好，接线牢固可靠，手动切换同时用万用表检查切换开关动作和接触情况。

（4）各端子板和连接螺栓应无松动或缺失。

（5）控制箱门密封衬垫应完好，必要时更换门密封衬垫，检查电缆入口，封堵应完好。

3.2.4.7 水泵及喷淋泵更换检修

1. 安全注意事项

（1）应注意与带电设备保持足够的安全距离，准备充足的施工电源及照明。

（2）拆卸前断开水泵电源连接线。

（3）在拆卸水泵过程中，其下部放垫块做支撑，防止水泵重物伤人。

2. 关键工艺质量控制

（1）叶轮转动应平稳、灵活。

（2）检查水泵应转向正确，泵试转应平稳、灵活，无转子扫膛、叶轮碰壳等异声，三相空载电流平衡。

（3）流量计指示正确。

（4）检查法兰密封面应平整，无划痕、锈蚀、漆膜；各对接法兰正确对接，密封垫位置准确，依次对角拧紧安装法兰螺栓，使密封垫均匀压缩 1/3（胶棒压缩 1/2）。

（5）对油质、油位进行检查，补油或换新机油，油位应加在视察窗的 1/2 处。

（6）拆装前后应确认各阀门位置正确。

3.2.5 非电量保护装置检修

3.2.5.1 指针式油位计更换

1. 安全注意事项

（1）应注意与带电设备保持足够的安全距离，准备充足的施工电源及照明。

（2）使用高空作业车时，车体应可靠接地，高空作业应按规程使用安全带，安全带应挂在牢固的构件上，禁止低挂高用。

（3）严禁上下抛掷物品。

2. 关键工艺质量控制

（1）拆卸表计时应先将油面降至表计以下，再将接线盒内信号连接线脱开。

（2）连杆应伸缩灵活，无变形折裂，浮筒完好，无变形、漏气。

（3）齿轮传动机构应转动灵活。转动主动磁铁，从动磁铁应同步转动正确。

（4）复装时摆动连杆，摆动 45°时指针应从“0”位置到“10”位置或与表盘刻度相符，否则应调节限位块。

（5）当指针在“0”最低油位和“10”最高油位时，限位报警信号动作应正确，否则应调节凸轮或开关位置。

（6）连接二次信号线检查原电缆应完好，回装密封应良好。

3.2.5.2　气体继电器更换

1. 安全注意事项

（1）切断气体继电器直流电源，断开气体继电器二次连接线，并进行绝缘包扎处理。

（2）应注意与带电设备保持足够的安全距离，准备充足的施工电源及照明。

（3）高空作业应按规程使用安全带，安全带应挂在牢固的构件上，禁止低挂高用。

（4）严禁上下抛掷物品。

2. 关键工艺质量控制

（1）继电器应校验合格后安装。

（2）继电器上的箭头应朝向储油柜。

（3）复装时确保气体继电器不受机械应力，密封良好，无渗油。

（4）气体继电器应保持基本水平位置，波纹管朝向储油柜方向应有1%～1.5%的升高坡度，继电器的接线盒应有防雨罩或有效的防雨措施。

（5）调试应在注满油并连通油路的情况下进行，打开气体继电器的放气小阀排净气体，通过按压探针发出重瓦斯、轻瓦斯信号，并能正常复归。

（6）连接二次电缆应无损伤，封堵完好。

（7）拆装前后应确认蝶阀位置正确。

3.2.5.3　压力式（信号）温度计更换

1. 安全注意事项

（1）断开二次连接线。

（2）应注意与带电设备保持足够的安全距离，准备充足的施工电源及照明。

（3）高空作业应按规程使用安全带，安全带应挂在牢固的构件上，禁止低挂高用。

（4）严禁上下抛掷物品。

2. 关键工艺质量控制

（1）查看温度传感器应无损伤、变形。

（2）温度计需经校验合格后安装。检查温度设置准确，连接二次电缆应完好。

（3）变压器箱盖上的测温座中预先注入适量变压器油，再将温度传感器安装在其中，并做好防水措施。

（4）金属细管不宜过长，冗余部分应按照大于50mm弯曲半径盘好妥善固定。

（5）连接二次电缆应无损伤，封堵完好。

3.2.5.4　电阻（远传）温度计更换

1. 安全注意事项

（1）断开二次连接线。

（2）应注意与带电设备保持足够的安全距离，准备充足的施工电源及照明。

（3）高空作业应按规程使用安全带，安全带应挂在牢固的构件上，禁止低挂高用。

（4）严禁上下抛掷物品。

2. 关键工艺质量控制

（1）电阻应完好无损伤。

（2）应由专业人员进行校验，全刻度±1.0℃。

（3）应由专业人员进行调试，采用温度计附带的匹配元器件，并保证与远方信号一致。

（4）变压器箱盖上的测温座中预先注入适量变压器油，再将测温传感器安装在其中，并做好防水措施。

（5）连接二次电缆应无损伤、封堵完好。

3.2.5.5　压力释放装置更换

1. 安全注意事项

（1）断开二次连接线。

（2）应注意与带电设备保持足够的安全距离，准备充足的施工电源及照明。

（3）高空作业应按规程使用安全带，安全带应挂在牢固的构件上，禁止低挂高用。

（4）严禁上下抛掷物品。

2. 关键工艺质量控制

（1）压力释放装置需经校验合格后安装；护罩和导流罩应清洁；各连接螺栓及压力弹簧应完好，无松动；微动开关触点接触良好，进行动作试验，微动开关动作应正确。

（2）按照原位安装，依次对角拧紧安装法兰螺栓。

（3）安装完毕后，打开放气塞排气。

（4）连接二次电缆应无损伤，封堵完好。

（5）拆装前后应确认蝶阀位置正确。

3.2.5.6　突发压力继电器更换

1. 安全注意事项

（1）断开二次连接线。

（2）应注意与带电设备保持足够的安全距离，准备充足的施工电源及照明。

2. 关键工艺质量控制

（1）用合格油冲洗，检查应无损伤、油污。

（2）用2500V绝缘电阻表对二次回路进行绝缘电阻试验；手动试验微动开关，其动作和返回信号传动正确。

（3）按照原位安装，依次对角拧紧安装法兰螺栓，密封垫位置准确，压缩量为1/3（胶棒压缩1/2）。

（4）打开放气塞排气，至冒油再拧紧放气塞。

（5）连接二次电缆应无损伤，封堵完好。

3.2.6　二次端子箱检修

1. 安全注意事项

（1）工作前断开柜内各类交直流电源并确认无压。

（2）应注意与带电设备保持足够的安全距离。

2. 关键工艺质量控制

（1）清扫外壳，除锈并进行防腐处理，内部清扫积灰。

（2）各部触点及端子板应完好无缺损，连接螺栓应无松动或丢失，未使用的套管型电流互感器绕组应短接后接地。

（3）箱门的密封衬垫完好有效。

（4）加热和驱潮装置功能完好（不含器身端子箱）。

（5）连接二次电缆应无损伤、封堵完好。

（6）对二次回路元器件进行绝缘电阻测试，在交接验收时，采用2500V绝缘电阻表且绝缘电阻大于10MΩ的指标；在投运后，采用1000V绝缘电阻表且绝缘电阻大于2MΩ的指标。

3.2.7　器身检修

3.2.7.1　通用部分检修

1. 安全注意事项

（1）起重工作应分工明确，专人指挥；起重设备要根据变压器钟罩（或器身）的重量选择，起吊时钢丝绳的夹角不应大于60°，并设专人监护。

（2）起重前先拆除影响起重工作的各种连接件。

（3）起吊或落回钟罩（器身）时，四角应系缆绳，由专人扶持，使其保持平稳。

（4）吊装应按照厂家规定程序进行，选用合适的吊装设备和正确的吊点。

（5）吊装过程中高、低压侧引线，分接开关支架与箱壁间应保持一定的间隙，以免碰伤器身。钟罩（器身）应吊放到安全宽敞的地方。当钟罩（器身）因受条件限制，起吊后不能移动而需在空中停留时，应采取支撑等防止坠落措施。

（6）进入变压器油箱内检修时，需考虑通风，防止工作人员窒息。

（7）应注意与带电设备保持足够的安全距离。

2. 关键工艺质量控制

（1）检修工作应选在无尘土飞扬及其他污染的晴天时进行，不应在空气相对湿度超过75%的气候条件下进行。如相对湿度大于75%时，应采取必要措施。

（2）大修时器身暴露在空气中的时间（器身暴露时间是从变压器放油时起至开始抽真空或注油时为止）应不超过如下规定：空气相对湿度不大于65%为16h；空气相对湿度不大于75%为12h。

（3）器身温度应不低于周围环境温度，否则应采取对器身加热的措施，如采用真空滤油机循环加热，使器身温度高于周围空气温度5℃以上。

（4）检查器身时，应由专人进行，穿着无纽扣、无金属挂件的专用检修工作服和鞋，并戴清洁手套，寒冷天气还应戴口罩，照明应采用安全电压的灯具或手电筒。携带的工器具应登记，使用后交回。

（5）进行检查所使用的工具应有专人保管并编号登记，用绳索连接在手腕上，防止遗留在油箱内或器身上。

3.2.7.2　绕组检修

1. 安全注意事项

（1）进入变压器油箱内检修时，需考虑通风，防止工作人员窒息。

（2）上、下主变用的梯子应用绳子扎牢或专人扶住，梯子不能搭靠在绝缘支架、变压器围屏及线圈上。

2. 关键工艺质量控制

（1）围屏应清洁，无破损、变形、发热和树枝状放电痕迹，绑扎紧固完整，分接引线出口处封闭良好。

（2）相间隔板应完整并固定牢固。

（3）绕组应清洁，无油垢、变形、过热变色和放电痕迹。

（4）整个绕组无倾斜、位移，导线辐向无明显弹出现象。

（5）油道应保持畅通，无油垢及其他杂物积存。

（6）外观整齐清洁，绝缘及导线无破损。

（7）垫块应无位移和松动情况。

（8）进入变压器内检修人员，应避免踩踏夹持件、支撑件，避免遗留物品。

（9）检查并确定绝缘状态。绝缘状态在三级、四级及以下，不宜进行预压［绝缘分级参见《电力变压器检修导则》（DL/T 573—2010）11.2 条］。

3.2.7.3 引线及绝缘支架检修

1. 安全注意事项

进入变压器油箱内检修时，需考虑通风，防止工作人员窒息。

2. 关键工艺质量控制

（1）引线绝缘应完好，无变形、起皱、变脆、破损、断股、变色。

（2）引线绝缘的厚度及间距应符合有关要求。

（3）引线应无断股损伤。

（4）接头表面应平整、光滑，无毛刺、过热性变色。

（5）引线长短应适宜，不应有扭曲和应力集中。

（6）绝缘支架应无破损、裂纹、弯曲变形及烧伤。

（7）绝缘固定应可靠，无松动和串动。

（8）绝缘夹件固定引线处应加垫附加绝缘。

（9）引线与各部位之间的绝缘距离应符合要求。

（10）螺栓紧固。

（11）进入变压器内检修人员，应避免踩踏夹持件、支撑件，避免遗留物品。

3.2.7.4 铁芯检修

1. 安全注意事项

（1）起重工作应分工明确，专人指挥；起重设备要根据变压器铁芯的重量选择，并设专人监护。

（2）起重前先拆除影响起重工作的各种连接件。

（3）起吊或落回铁芯时，四角应系缆绳，由专人扶持，使其保持平稳。

（4）吊装应按照厂家规定程序进行，选用合适的吊装设备和正确的吊点。

（5）起吊铁芯时，钢丝绳应挂在专用吊点上，钢丝绳的夹角不应大于60°，否则应采用吊具或调整钢丝绳套。

2. 关键工艺质量控制

(1) 铁芯应平整、清洁，无片间短路或变色、放电烧伤痕迹；铁芯应无卷边、翘角、缺角、位移等现象。

(2) 油道应畅通，无垫块脱落和堵塞，且应排列整齐。

(3) 铁芯与上下夹件、方铁、压板、底脚板间均应保持良好绝缘。

(4) 绝缘压板与铁芯间要有明显的均匀间隙，绝缘压板应保持完整，无破损、变形、开裂和裂纹现象。

(5) 钢压板不得构成闭合回路，应一点可靠接地。

(6) 金属结构件应无悬浮，应一点可靠接地。

(7) 铁芯组件、夹件、穿芯螺栓、钢拉带绝缘良好，其绝缘电阻应符合设备技术要求，应一点可靠接地。

(8) 铁芯接地片插入深度应足够且牢靠，其外露部分应包扎绝缘，防止铁芯短路。

(9) 电屏蔽、磁屏蔽固定应牢靠；电屏蔽、磁屏蔽表面应清洁，无变色、变形、过热、放电痕迹，电屏蔽、磁屏蔽绝缘电阻应合格。

3.2.7.5 油箱及管道检修

1. 安全注意事项

进入变压器油箱内检修时，需考虑通风，防止工作人员窒息。

2. 关键工艺质量控制

(1) 油箱外表面应洁净，无锈蚀，漆膜完整，焊缝无渗漏点。

(2) 油箱内部应洁净，无锈蚀、放电现象，漆膜完整。

(3) 磁（电）屏蔽装置固定牢固，无放电痕迹，接地可靠。

(4) 定位装置不应造成铁芯多点接地。

(5) 管道内部应清洁，无锈蚀、堵塞现象。

(6) 胶垫接头黏合应牢固，并放置在油箱法兰直线部位的两螺栓的中间，搭接面应平放，搭接面长度不少于胶垫宽度的2倍；胶垫压缩量为其厚度的1/3左右（胶棒压缩量为1/2左右）。

(7) 装配完成后整体内施加0.035MPa压力，保持12h不应渗漏。

(8) 进入变压器内检修人员，应避免踩踏夹持件、支撑件，避免遗留物品。

3.2.7.6 真空热油循环检修

1. 安全注意事项

(1) 滤油机必须接地，滤油机管路与变压器接口可靠连接。

(2) 抽真空过程中，为防止真空泵停用或发生故障时，真空泵润滑油被吸入变压器本体，真空系统应装设逆止阀或缓冲罐。

(3) 抽真空过程中，严禁使用麦氏真空表，以防麦氏表中的水银吸入变压器本体。

2. 关键工艺质量控制

(1) 上层油温不得超过85℃。

(2) 干燥过程中应注意加温均匀，升温速度以10～15℃/h为宜，防止产生局部过热，特别是绕组部分，不应超过其绝缘耐热等级的最高允许温度。

(3) 变压器采用真空加热干燥时，应先进行预热，并根据制造厂规定的真空值抽真空。按变压器容量大小以10～15℃/h的速度升温到指定温度，再以6.7kPa/h的速度递减抽真空。

(4) 干燥过程中应每2h检查与记录绕组的绝缘电阻、绕组、铁芯和油箱等的温度、真空度。

(5) 在保持温度不变的条件下，绕组绝缘电阻应满足：110kV及以下的变压器持续6h不变，220kV及以上变压器持续12h以上不变，且无凝结水析出，即认为干燥终结。

(6) 干燥完成后，变压器即可以10～15℃/h的速度降温（真空仍保持不变）。当温度下降至55℃左右，在真空状态下将合格变压器油注入油箱内，直至器身完全浸没于油中为止，并继续抽真空4h以上。

3.2.7.7 吊装钟罩（器身）检修

1. 安全注意事项

(1) 起重工作应分工明确，专人指挥；起重设备要根据变压器钟罩（或器身）的重量选择，并设专人监护。

(2) 起重前先拆除影响起重工作的各种连接件。

(3) 起吊或落回钟罩（器身）时，四角应系缆绳，由专人扶持，使其保持平稳。

(4) 吊装应按照厂家规定程序进行，选用合适的吊装设备和正确的吊点。

(5) 吊装过程中高、低压侧引线，分接开关支架与箱壁间应保持一定的间隙，以免碰伤器身。钟罩（器身）应吊放到安全宽敞的地方。当钟罩（器身）安装过程中，起吊后不能移动而需在空中停留时，应采取支撑等防止坠落措施。

2. 关键工艺质量控制

(1) 吊罩（芯）前应把变压器内的油排尽。

(2) 排油前应先松开或拆除储油柜上部的放气螺栓或放气阀门。

(3) 排油用的油泵、金属管道等均应接地良好。

(4) 吊罩前应将必须拆除的绕组接头（如套管与绕组接线）和一些与铁芯及绕组有联系的附件（如分接头）拆除，拆除附件定位销及连接螺栓。

(5) 装配前应确认所有组件、部件均符合技术要求，并用合格的变压器油冲洗与油直接接触的组件、部件。

(6) 装配时，应按图纸装配，确保各种电气距离符合要求，各组件、部件装配到位，固定牢靠。

(7) 保持油箱内部的清洁，禁止有杂物掉入油箱内。

(8) 套管与引线连接后，套管不应受过大的横向力。

(9) 变压器内部的引线、分接开关连线等不能过紧。

(10) 所有连接或紧固处均应用锁母或备帽紧固。

(11) 确认全部等电位连接牢固。

(12) 装配完成后整体内施加0.035MPa压力，保持12h不应渗漏。

3.2.8 排油和注油设备检修

3.2.8.1 排油

1. 安全注意事项

(1) 合理安排油罐、油桶、管路、滤油机、油泵等工器具放置位置并与带电设备保持足够的安全距离。

(2) 注意在起吊油罐作业过程中要做好相关安全措施。

(3) 主变不停电排油时，应申请停用主变重瓦斯保护。

2. 关键工艺质量控制

(1) 排油时，必须将变压器进气阀和油罐的放气孔打开，必要时进气阀和放气孔都要接入干燥空气装置，110kV (66kV) 及以上电压等级的变压器宜采用充干燥空气（对吊罩的变压器也可用氮气代替）排油法。

(2) 有载调压变压器的有载分接开关油室内的油应另备滤油机、油桶，抽出后分开存放。

3.2.8.2 注油设备检修

1. 安全注意事项

(1) 合理安排油罐、油桶、管路、滤油机、油泵等工器具放置位置并与带电设备保持足够的安全距离。

(2) 主变不停电注油时，应申请停用主变重瓦斯保护。

2. 关键工艺质量控制

(1) 抽真空前有载分接开关与本体应安装连通管，关闭储油柜蝶阀，同时抽真空注油，注油后应予拆除恢复正常。

(2) 110 (66) kV及以上变压器必须进行真空注油，其他变压器有条件时也应采用真空注油。真空度按照相应标准执行，制造厂对真空度有具体规定的需参照其规定执行。

(3) 220kV及以上胶囊式油枕的旁通阀，抽真空时打开，注油完成后须关闭。

(4) 在抽真空过程中应检查油箱的强度，一般局部弹性变形不应超过箱壁厚度的2倍，并检查变压器各法兰接口及真空系统的密封性。

(5) 达到指定真空度并保持大于2h（不同电压等级的变压器保持时间要求有所不同，一般抽空时间为1/3～1/2暴露空气时间）后，开始向变压器油箱内注油，注油时油温宜略高于器身温度。

(6) 以3～5t/h的速度将油注入变压器距箱顶200～300mm时停止注油，并继续抽真空保持4h以上。

(7) 变压器的储油柜是全真空设计时，可将储油柜和变压器油箱一起进行抽真空注油（对胶囊式储油柜，须打开胶囊和储油柜的连通阀，真空注油后关闭）；变压器的储油柜不是全真空设计的，在抽真空和真空注油时，必须将通往储油柜的真空阀门关闭（或拆除气体继电器安装抽真空阀门）。

(8) 变压器经真空注油后进行补油时，须经储油柜注油管注入，严禁从下部油箱阀门注入，注油时应使油流缓慢注入变压器至规定的油面为止（直接通过储油柜连管同步对储油柜、胶囊抽真空结构并一次加油到位的变压器除外）。

（9）对套管升高座、上部管道孔盖、冷却器和净油器等上部的放气孔应进行多次排气，直至排尽为止，并重新密封好，擦净油迹。

（10）补油。

1）胶囊式储油柜补油：由注油管将油注满储油柜，直至排气孔出油；从储油柜排油管排油，至油位计指示正常油位为止。

2）隔膜式储油柜补油：注油前应将隔膜上部的气体排除，由注油管向隔膜下部注油达到比指定油位稍高，再次充分排除隔膜上部的气体，调整达到指定油位。

3）内油式波纹储油柜：注油过程中，时刻注意油位指针的位置，边注油边排气，调整达到指定油位。

4）外油式波纹储油柜：保持呼吸口阀门关闭、排气口阀门打开的状态，注油至排气口排净空气并稳定出油后，关闭排气口阀门，同时停止注油，打开呼吸口，并检查油位。

3.2.9　例行检查

1. 安全注意事项

（1）断开与变压器相关的各类电源并确认无压。

（2）接取低压电源时，防止触电伤人。

（3）应注意与带电设备保持足够的安全距离。

（4）高空作业应按规程使用安全带，安全带应挂在牢固的构件上，禁止低挂高用。

（5）严禁上下抛掷物品。

2. 冷却装置关键工艺质量控制

（1）开启冷却装置，冷却装置应无不正常的振动和异音。

（2）检查冷却器管和支架，无脏污、锈蚀。

（3）采用500V或1000V绝缘电阻表测量二次回路元器件绝缘电阻，其值应不低于1MΩ。

（4）阀门应正确开启。

（5）逐台关闭冷却器电源一定时间（30min左右）后，冷却器负压区无渗漏现象。

3. 复合绝缘的干式套管关键工艺质量控制

（1）绝缘件表面应无放电、裂纹、破损、脏污等，法兰无锈蚀。

（2）套管本体及与箱体连接密封、固定应良好。

（3）套管导电连接部位应无松动。

（4）套管接线端子等连接部位表面应无氧化或过热。

（5）末屏接地良好，无断股、放电、过热痕迹。

（6）外观及辅助伞裙检查正常。

4. 电容型套管关键工艺质量控制

（1）瓷件应无放电、裂纹、破损、渗漏、脏污等现象，法兰无锈蚀。

（2）套管外观完好，辅助伞裙无开胶、损坏，防污闪喷涂层无龟裂、起毛现象。
（3）套管外绝缘爬距满足污秽等级要求。
（4）套管本体及与箱体连接密封应良好，无渗油，油位指示清晰，油位正常。
（5）套管导电连接部位应无松动。
（6）套管接线端子等连接部位表面应无氧化或过热现象。
（7）末屏接地良好，无断股、放电、过热痕迹，密封良好，无渗漏油。

5. 充油套管关键工艺质量控制

（1）瓷件应无放电、裂纹、破损、渗漏、脏污等现象，法兰无锈蚀。
（2）套管外绝缘爬距满足污秽等级要求。
（3）套管本体及与箱体连接密封应良好。
（4）套管导电连接部位应无松动。
（5）套管接线端子等连接部位表面应无氧化或过热现象。

6. 无励磁分接开关关键工艺质量控制

（1）限位及操作正常。
（2）进行两个循环操作，转动灵活，无卡涩现象。
（3）密封良好。
（4）螺栓紧固。
（5）分接位置显示应正确一致。

7. 有载分接开关关键工艺质量控制

（1）两个循环操作各部件的全部动作顺序及限位动作应符合技术要求。
（2）各分接位置显示应正确一致，并三相联调远传无误。
（3）采用500～1000V绝缘电阻表测量辅助回路绝缘电阻，应大于1 MΩ。
（4）操作齿轮机构无渗漏油现象。
（5）分接开关连接、齿轮箱、开关操作箱内部等无异常。

8. 气体继电器关键工艺质量控制

（1）密封良好。
（2）动作可靠，配合回路传动正确无误。
（3）观察窗清洁，刻度清晰。

9. 压力释放阀关键工艺质量控制

（1）无喷油、渗漏油现象。
（2）回路传动正确。
（3）动作指示杆应保持灵活。

10. 压力式温度计、电阻温度计关键工艺质量控制

（1）温度计内应无潮气凝露。
（2）比较压力式温度计和电阻（远传）温度计的指示，差值应在5℃之内。
（3）温度计接点整定值正确，二次回路传动正确。

11. 绕组温度计关键工艺质量控制

（1）温度计内应无潮气凝露。

（2）温度计接点整定值正确。

12. 油位计关键工艺质量控制

（1）表内应无潮气凝露。

（2）确认无假油位现象。

（3）油位表信号端子盒密封良好。

13. 油流继电器关键工艺质量控制

（1）表内应无潮气凝露。

（2）指针位置正确，油泵启动后指针应达到绿区，无抖动现象。

14. 二次回路关键工艺质量控制

（1）采用500V或1000V绝缘电阻表测量继电器、油温指示器、油位计、压力释放阀二次回路的绝缘电阻，应大于1MΩ。

（2）接线盒、控制箱等防雨、防尘措施良好，接线端子无松动和锈蚀现象。

3.3 常见问题及整改措施

3.3.1 温度计就地与远方误差超标

【问题描述】绕组温度计就地与远方误差超标，差值超5℃，如图3-1所示。

【违反条例】顶层温度计、绕组温度计外观应完整，表盘密封良好，无进水、凝露，温度指示正常，并应与远方温度显示相差不超过5℃。

【整改措施】加强运行温度巡视，结合停电校验温度计并检查安装情况，若发现误差超标及时进行更换，如图3-2所示。

（a）就地温度计

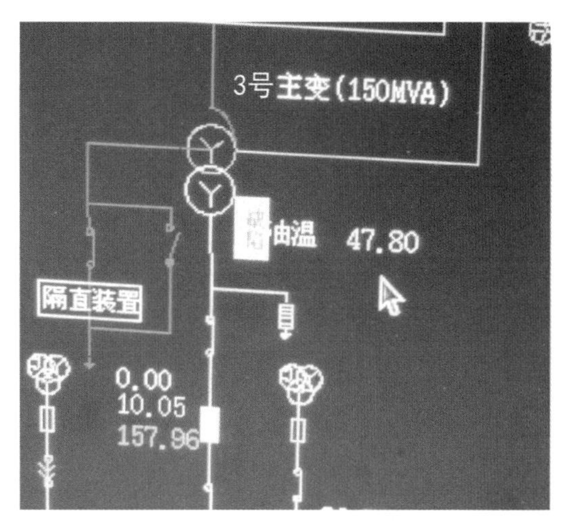

（b）远方温度显示

图3-1 绕组温度计就地与远方误差超标，差值超5℃

（a）就地温度计

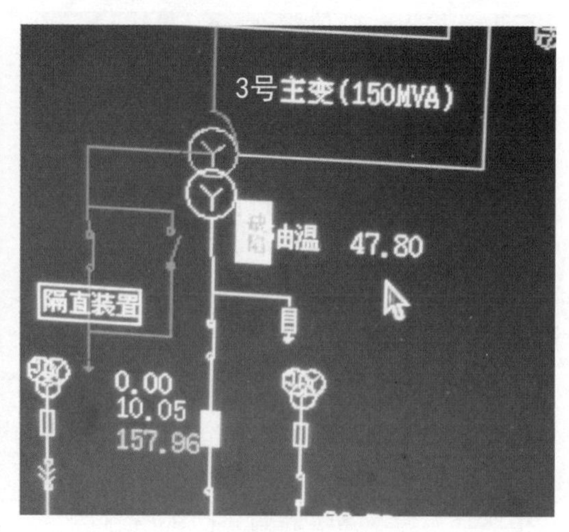

（b）远方温度显示

图3－2　绕组温度计就地与远方误差最大误差不超过5℃

3.3.2　温度计指示不清晰

【问题描述】温度计观察窗老化，无法读取温度，如图3－3所示。

【违反条例】顶层温度计、绕组温度计外观应完整，表盘密封良好，无进水、凝露，温度指示正常，并应与远方温度显示相差不超过5℃。

【整改措施】加强运行温度巡视，更换老化的温度计，如图3－4所示。

图3－3　温度计观察窗老化，无法读取温度

图3－4　温度计指示清晰

3.3.3　油位指示不符合油温-油位标准曲线

【问题描述】油位指示不符合油温-油位标准曲线，油位偏低，如图3－5所示。

【违反条例】油位计外观完整，密封良好，无进水、凝露，指示应符合油温-油位标准曲线的要求。

【整改措施】加强换流变本体温度和油位监测，通过红外测温或软管测量等辅助方法判断是否存在假油位，在下次年度检修时根据油温-油位标准曲线进行油位调整，消除油位异常现象，如图 3－6 所示。

(a) 油位计

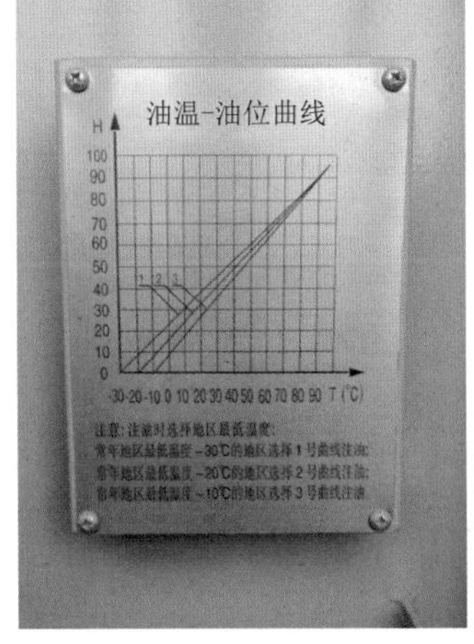

(b) 油温-油位曲线

图 3－5　油位指示不符合油温-油位标准曲线

(a) 油位计

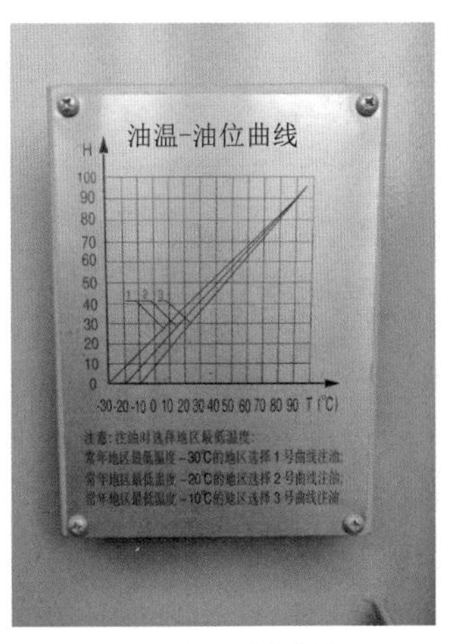

(b) 油温-油位曲线

图 3－6　油位指示符合油温-油位标准曲线

3.3.4　本体有渗漏油现象

【问题描述】变压器本体存在渗漏油现象，渗漏位置主要包括油色谱在线监测装置取样阀、冷却器与本体连接阀门、气体继电器、注放油阀等，如图 3－7 所示。

【违反条例】法兰、阀门、冷却装置、油箱、油管路等密封连接处应密封良好，无渗漏痕迹，油箱、升高座等焊接部位质量良好，无渗漏油。

【整改措施】对漏点周边进行油污处理，分析渗漏原因，加强渗漏监测，进行带电堵漏，如图 3－8 所示。对无法处理的结合停电大修开展，更换阀门或密封圈。对负压区的渗漏，应尽快处理，在未处理前，应有相应的防雨措施。

图3-7　套管存在渗油现象

图3-8　本体及组件正压区无渗漏油

3.3.5　套管头部存在发热现象

【问题描述】套管头部、接头部位等存在发热现象，如图3-9所示。

【违反条例】套管及接头部位无异常发热。

【整改措施】停电对异常发热部位进行检查和回路电阻测试，对存在毛刺的接触面进行处理，对未紧固的部位进行紧固。处理后，对相应部位进行回路电阻复测，确保试验合格。

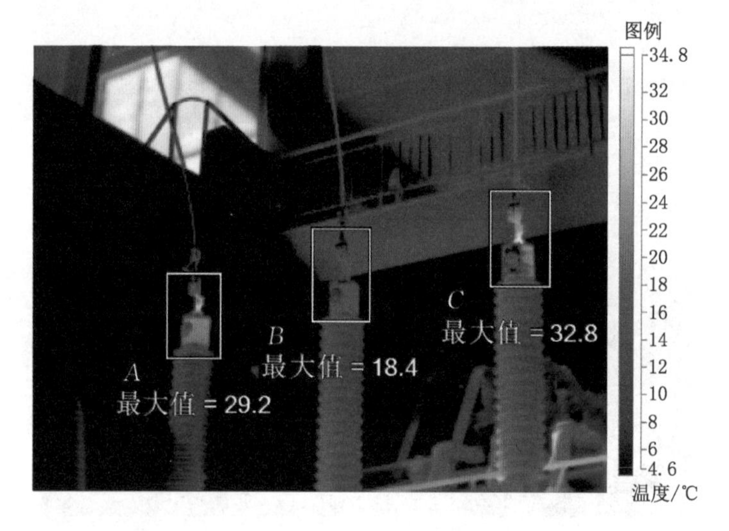

图3-9　套管头部异常过热

3.3.6　吸湿器硅胶受潮变色超过2/3

【问题描述】本体吸湿器硅胶变色超过2/3，有粉化现象，如图3-10所示。

【违反条例】外观无破损，干燥剂变色部分不超过2/3，不应自上而下变色。

【整改措施】检查变压器本体、吸湿器胶罐等的密封情况，及时更换变色硅胶；在吸湿器2/3处增加变色位置标示，以便及时发现变色缺陷，如图3-11所示。

3.3.7　气体继电器防雨罩脱落

【问题描述】户外变压器的气体继电器无防雨罩，如图3-12所示。

【违反条例】防雨罩完好（适用于户外变压器）。

图 3-10 本体吸湿器硅胶变色，有粉化现象

图 3-11 受潮吸湿剂不超过 2/3

【整改措施】气体继电器的防雨罩需固定可靠，对前期未加防雨罩的气体继电器结合停电进行整改，如图 3-13 所示。

图 3-12 气体继电器防雨罩脱落

图 3-13 气体继电器防雨罩完好

3.4 典型故障案例

3.4.1 主变有载开关滑挡故障

操作人员对××变 3 号主变有载开关电动调挡从 5 挡到 6 挡时，调挡未到位空开跳

开，重新合上空开后，电机继续运转，6挡到位后连调至7挡，7挡未到位空开跳开（同5挡到6挡时情况相同）。机构型号为ED100S，生产日期为2009年。

检修人员现场调试时，发现对有载开关降挡操作时，存在同样问题。并且在一个调挡周期内，不论升挡或降挡，接触器K20始终没有吸合动作。在研究现场设备图纸并咨询厂家后，对机构回路进行测量，分析空开跳开以及复电后的连调原因。

以降挡为例，现场空开跳开时，分接变换指示器（图3-14）指向第30圈（共33圈），未到达阴影部位。

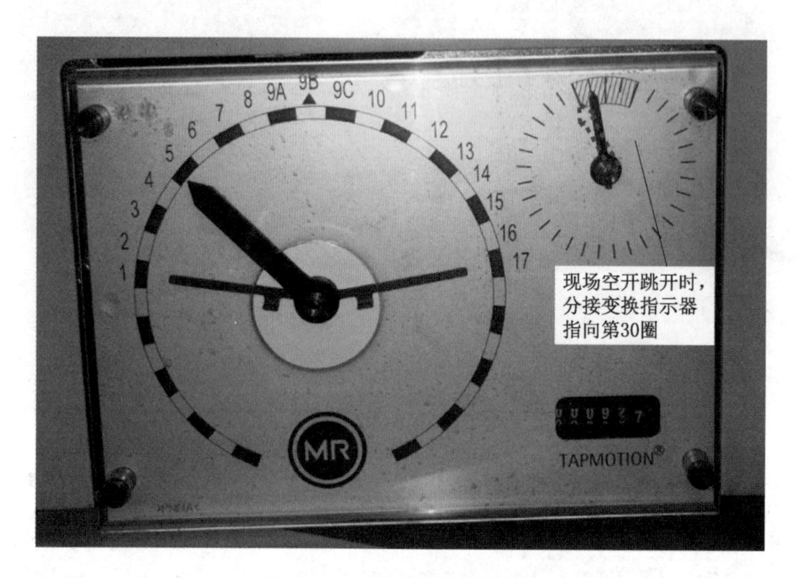

图3-14 分接变换指示器

根据降挡时各凸轮开关动作示意图（图3-15），此时凸轮动作开关S1位于NC，S2位于NO，因为接触器K20始终未动作，根据图纸上的保护回路，K20的61、62节点处于闭合状态，因为此时有载开关处于下行状态，接触器K1线圈不通电，K1的61、62节点处于闭合状态，线圈Q1通电，引起空开跳开（图3-16）。

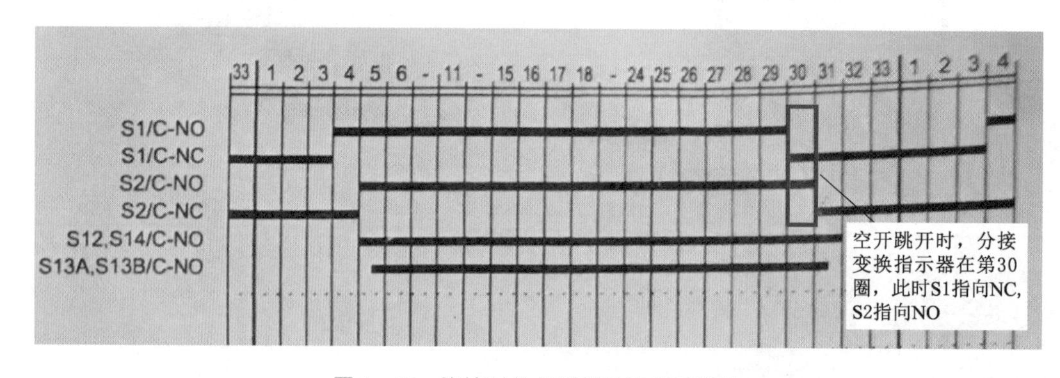

图3-15 降挡时各凸轮开关动作示意图

重新合上空开后，由于分接变换指示器在第30圈位置，此时凸轮开关S12节点依然处于闭合状态（图3-17）。

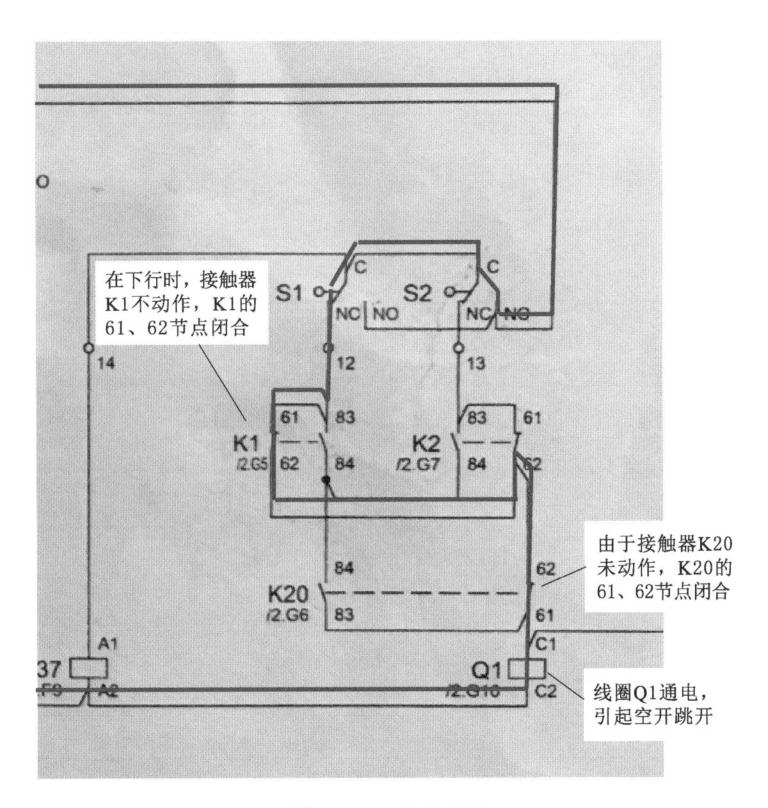

图 3-16 保护回路

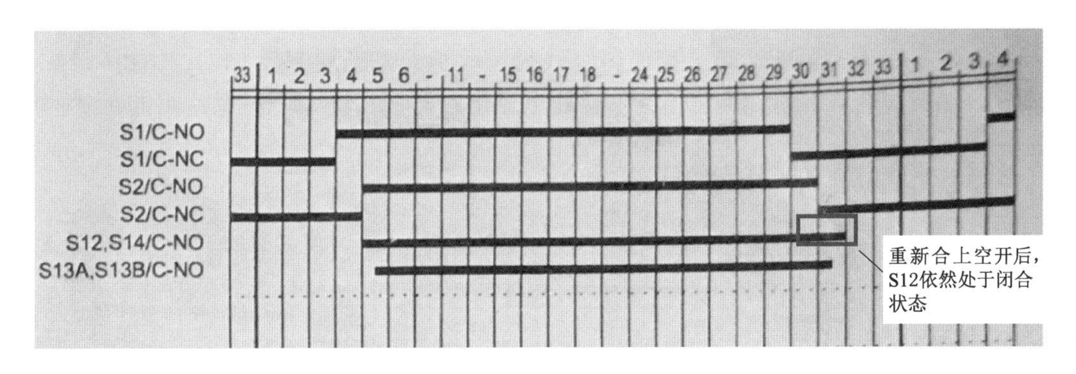

图 3-17 凸轮开关 S12 节点依然处于闭合状态

由于凸轮开关 S12 节点处于闭合状态，接触器 K2 线圈通电（图 3-18 中线 1），接触器 K2 的 53、54 节点闭合。且接触器 K20 线圈未通电，接触器 K20 的 31、32 节点保持闭合，接触器 K2 的 53、54 节点闭合形成自保持（图 3-18 中线 2），电机将继续运转至下一周期的分接变换指示器指向第 30 圈位置，空开跳开。

检修人员拆开接触器 K20 接线，单独对接触器 K20 测量时，发现接触器 K20 的线圈无断线、烧毁现象，各个节点功能完好，因此排除接触器 K20 故障的可能。

根据图纸，检修人员怀疑，缺陷由下行（降挡）凸轮转换开关 S13A 节点未闭合引起（升挡时为凸轮开关 S13B）。在一个换挡周期中，凸轮开关 S13A（S13B）节点应在分接

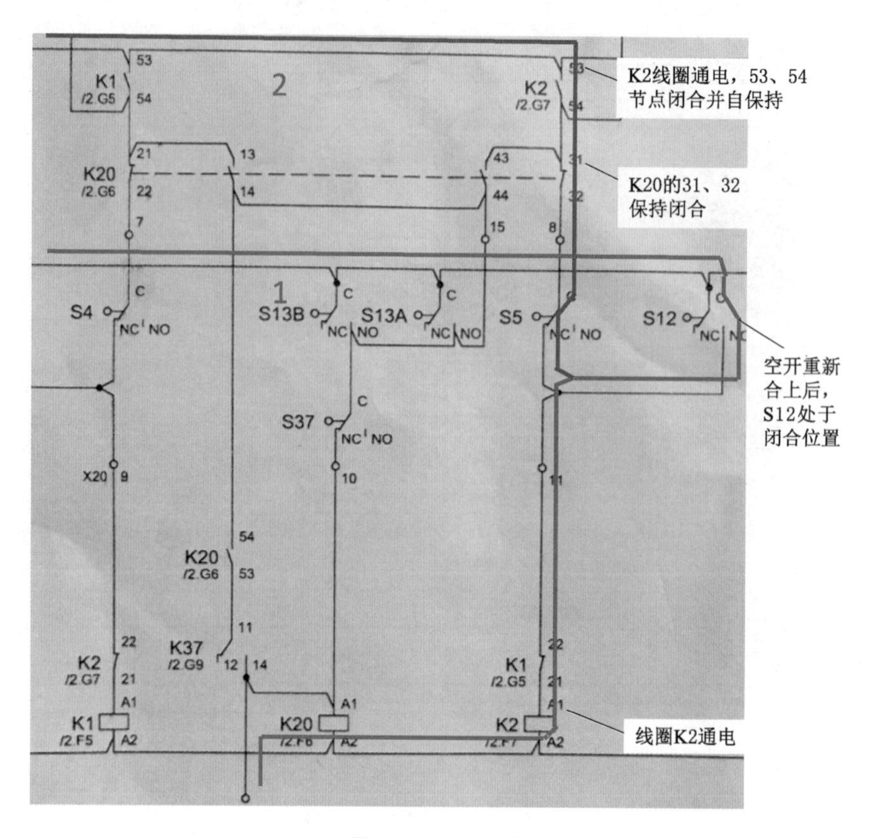

图3-18　回路图

变换指示器指向第4.5圈到30.5圈时闭合（图3-19），若凸轮开关S13A（S13B）节点不动作，那么接触器K20线圈将始终不会通电，接触器K20不动作，最终引起上述问题（图3-20）。

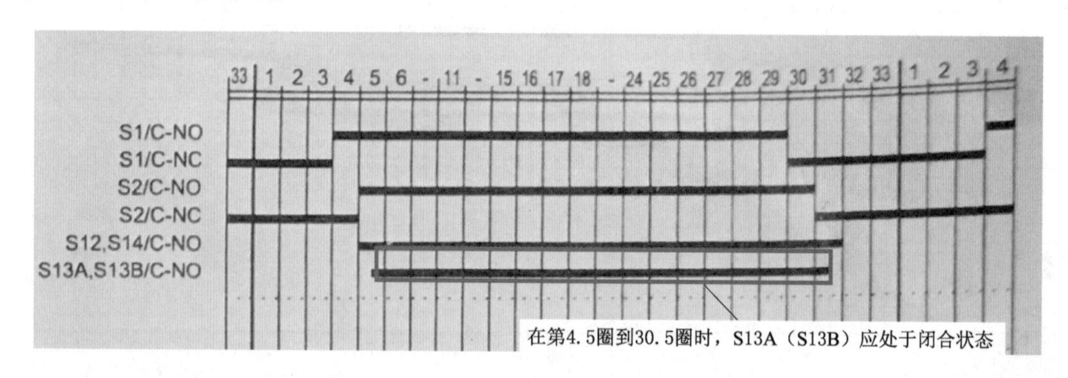

图3-19　凸轮开关S13A（S13B）节点应在分接变换指示器指向第4.5圈到30.5圈时闭合

为了验证缺陷是否由于凸轮开关S13A（S13B）故障引起，检修人员手动将分接变换指示器摇至第11圈位置，正常情况下，此时凸轮开关S13A节点应处于闭合状态（图3-21）。用万用表测量凸轮开关S13A节点两端通断情况，即端子排X20上6～10节点（图3-22）。

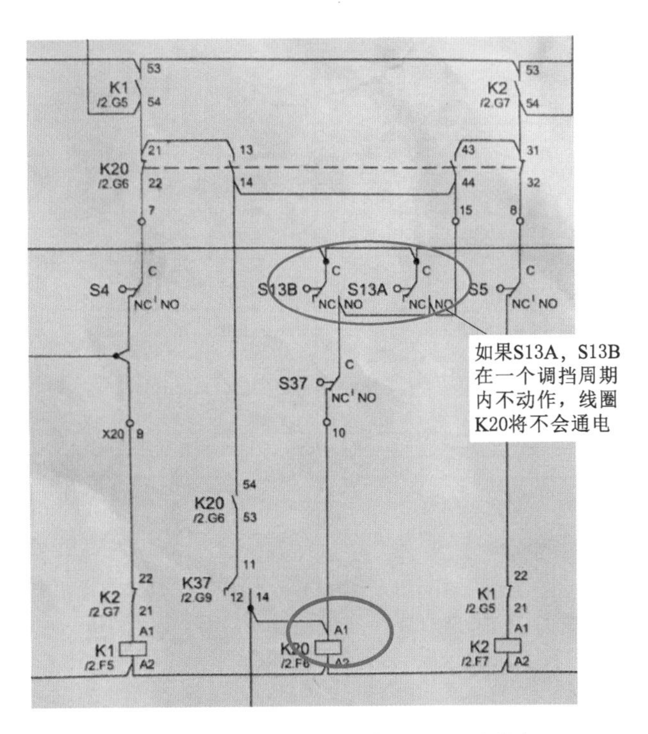

图 3-20 S13A、S13B引起K20不通电

(a) 实物图

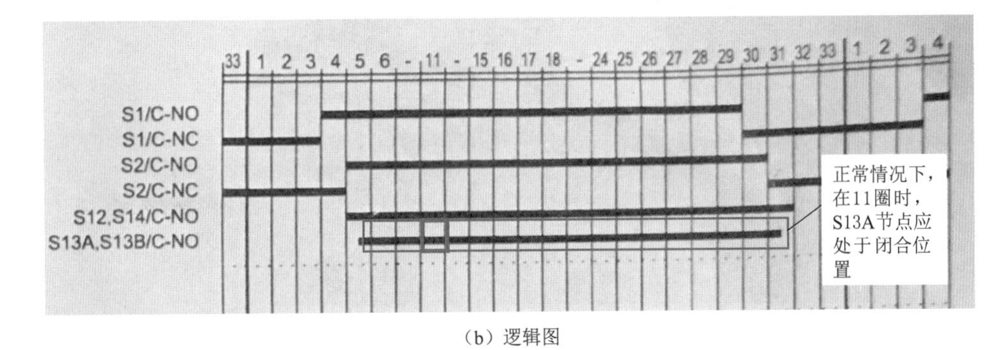

(b) 逻辑图

图 3-21 S13A节点应处于闭合状态

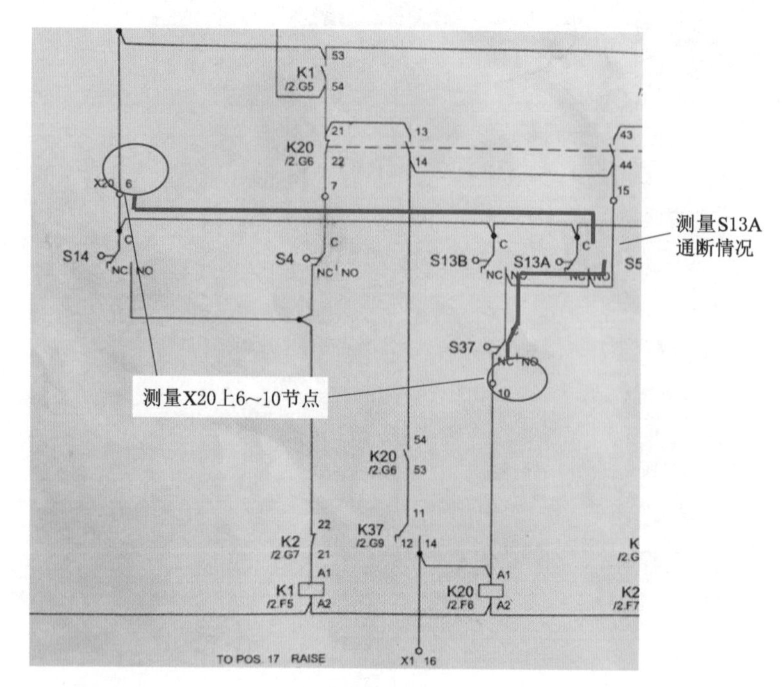

（a）电路图

（b）实物图

图3-22　端子排X20上6～10节点

检修人员测量发现端子排 X20 上 6～10 节点不通，证明上述分析正确。用同样方法验证在升挡时，凸轮开关 S13B 节点存在相同问题。

检修人员找到凸轮开关 S13A、S13B 节点所在位置，多次用手调拨 S13A、S13B 节点，确保消除凸轮开关节点失灵情况（图 3-23）。

图 3-23 凸轮盘和凸轮开关节点

经过处理后，检修人员重新电动升降挡，设备正常调挡，缺陷消除。

3.4.2 主变套管过热故障

××变报 1 号主变 10kV 套管 A 相过热严重缺陷。

负荷电流：560A，A 相过热温度为 75.5℃，B、C 相温度为 33℃以下（图 3-24）

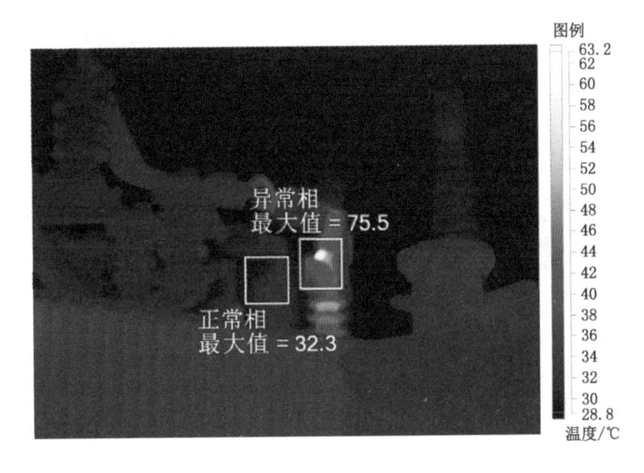

相间比较	
目标参数	数值
异常相温度	75.5℃
正常相温度	32.3℃
参照体温度	23℃
相对温升	43.2℃
异常相温升	52.5℃
相对温差	82.3%

图 3-24 1 号主变 10kV 套管 A 相测温情况

在运行状态下目测检查，1号主变10kV套管A相表面包的热缩套已经发热变形，并且有一个烧穿了一个洞，如图3-25～图3-27所示，B、C相比较无异常。

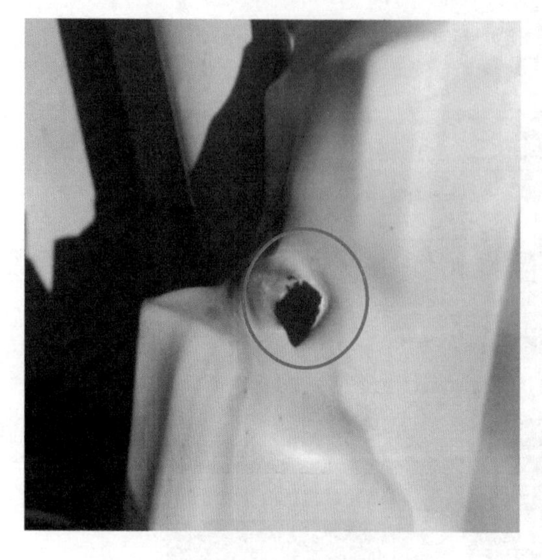

图3-25 1号主变10kV套管A相现场情况

图3-26 1号主变10kV套管接线柱附近颜色已经发白

结合××变1号主变停役，检修人员拆除1号主变10kV套管接线柱，发现该接线柱属于螺纹式接线柱，容易发生发热现象。打开接线柱，发现接线柱内螺纹和导电杆有2处发生金属腐蚀现场，且比较严重，如图3-28和图3-29所示。

图3-27 1号主变10kV套管接线柱附近过热痕迹明显

图3-28 1号主变10kV套管接线柱内螺纹电腐蚀

对××变1号主变10kV套管A、B、C相进行全面检查，测量三相接线柱接触电阻，其中：A相接触电阻为309μΩ，B相接触电阻为10μΩ，C相接触电阻为12μΩ。对A相发热套管接线柱进行接触面打磨处理，恢复接线柱的螺纹，如图3-30所示。经过处理，对A、B、C三相套管接线柱重新测量接触电阻，发现A相接触电阻为9μΩ，接触电阻在合格范围。

图3-29 1号主变10kV套管接线柱外导电杆电腐蚀

3.4.3 主变有载在线净油装置告警

110kV××变报1号主变在线滤油异常信号未复归，操作班现场检查无异常。

现场检查在线净油装置，其信息面板上显示“需要更换滤芯”故障信息，如图3-31所示。

图3-30 检修人员对1号主变10kV套管接线柱表面进行处理后状态

图3-31 信息面板显示“需要更换滤芯”

处理前先将有载重瓦斯由跳闸改信号。将在线净油装置进、出口油管阀门关闭，同时将净油装置电源空开拉开。然后将除杂、除水滤芯分别拆下，再将新滤芯灌满合格、同型号变压器油，最后确保密封可靠的情况下复装滤芯，如图 3－32 所示。对管路各部位进行多次、充分排气。

合上装置电源空开后，告警信号消除。启动在线净油装置，观察 60min，无渗油及异常信号，确保安装正确、密封可靠。

清理现场，工作结束。有载开关重瓦斯 24h 之后投入跳闸。

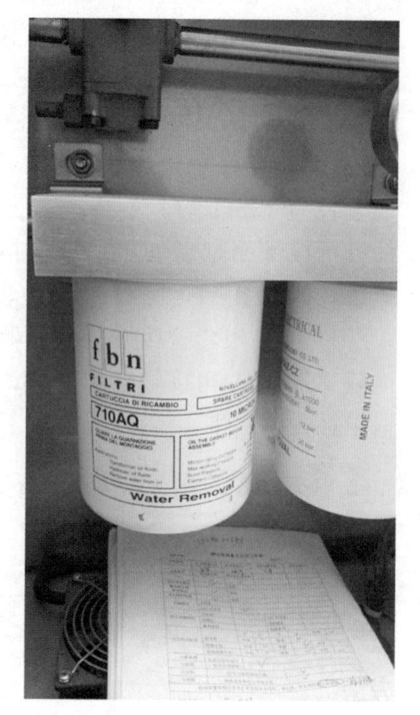

图 3－32　更换后的滤芯

3.4.4　主变风冷控制箱电源故障

220kV××变报 2 号主变风冷控制箱交流冷却器故障动作，无法复归。

现场检查控制器电源故障灯亮，控制器液晶屏显示工作电源 I 故障。

现场检查发现，2 号主变冷却器电源 I 段相序保护器 FX1 工作指示灯不亮，如图 3－33 所示，测量其接点不通。

更换 I 段相序保护器 FX1 后，故障消除。

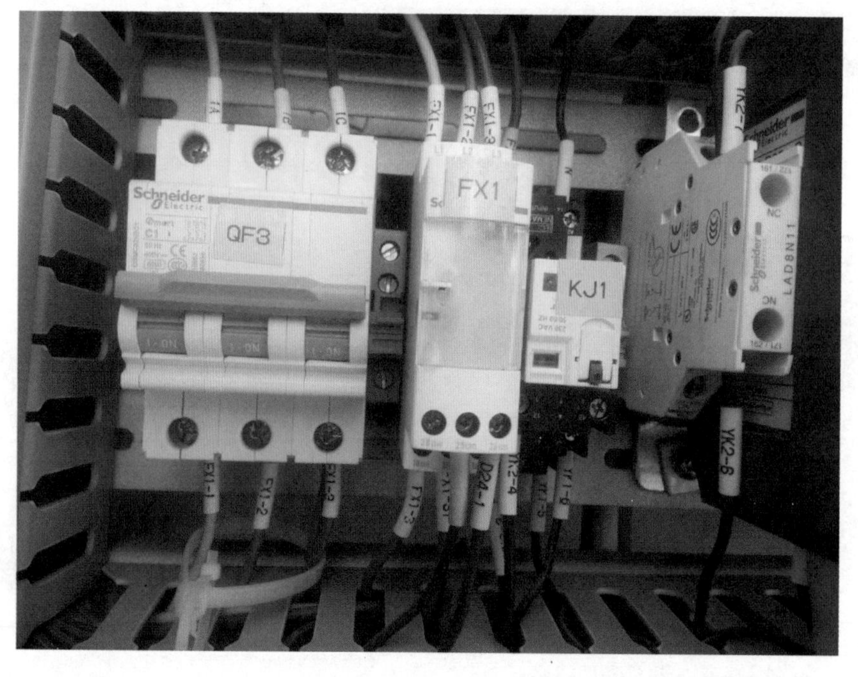

图 3－33　2 号主变冷却器电源 I 段相序保护器 FX1 工作指示灯不亮

3.4.5 主变套管电流互感器接线盒渗油

220kV××变2号主变停电检修，检修人员对2号主变进行检查时，发现110kV套管C相升高座TA接线盒处存在渗油现象。

检修人员打开电流互感器接线盒盖板后，发现电流互感器接线板存在严重的开裂情况，变压器油从裂缝中渗出，如图3-34所示。

图3-34 ××变2号主变110kV套管C相升高座TA接线板开裂

检修人员随后打开2号主变其他套管升高座电流互感器接线盒盖板进行检查，发现多数电流互感器接线板存在开裂情况，但严重程度不如110kV套管C相。随着开裂情况加剧，会大大加速变压器的泄漏，变压器油位急剧下降，对变压器稳定运行构成严重威胁。

处理时，检修人员首先将主变本体排油至套管电流互感器接线盒下方。拆除电流互感器接线板外部接线后，松开电流互感器接线板四周的紧固螺丝。对电流互感器接线板内部的接线用白纱带做好标记，然后将内部接线一一脱开，如图3-35所示。

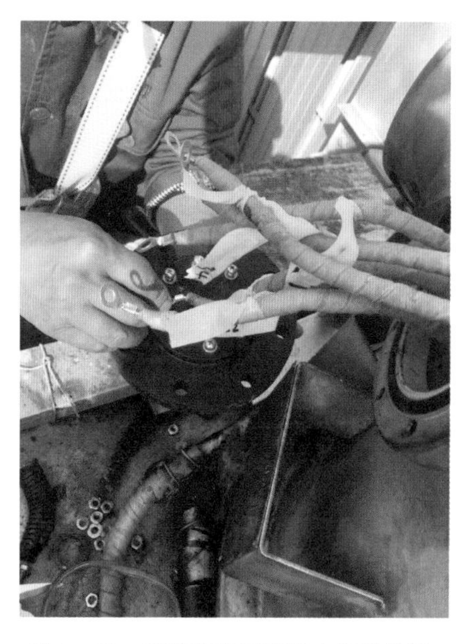

图3-35 脱开电流互感器内部接线前，先用白纱带做好标记

根据白纱带的标记，将新的电流互感器接线板接好内部接线，如图3-36所示。在安装电流互感器接线板时，对角均匀紧固螺丝，接好二次接线，并用真空注油法对主变重新注油。

图3-36 更换后的电流互感器接线板

第4章

互感器检修

4.1 电流互感器检修

4.1.1 专业巡视要点

4.1.1.1 油浸式电流互感器巡视

（1）设备外观完好、无渗漏；外绝缘表面清洁、无裂纹及放电现象。

（2）金属部位无锈蚀，底座、构架牢固，无倾斜变形，设备外涂漆层清洁，无大面积掉漆。

（3）一次、二次、末屏引线接触良好，接头无过热，各连接引线无发热、变色，本体温度无异常，一次导电杆及端子无变形、裂痕。

（4）油位正常。

（5）本体二次接线盒密封良好，无锈蚀。无异常声响、异常振动和异常气味。

（6）接地点连接可靠。

（7）一次接线板支撑瓷瓶无异常。

（8）一次接线板过电压保护器表面清洁、无裂纹。

4.1.1.2 干式电流互感器巡视

（1）设备外观完好；外绝缘表面清洁、无裂纹、漏胶及放电现象。

（2）金属部位无锈蚀，底座、构架牢固，无倾斜变形。

（3）设备外涂漆层清洁、无大面积掉漆。

（4）一次、二次引线接触良好，接头无过热，各连接引线无过热迹象，本体温度无异常。

（5）本体二次接线盒密封良好，无锈蚀。无异常声响、异常振动和异常气味。

（6）接地点连接可靠。

4.1.1.3　SF_6 电流互感器巡视

（1）设备外观完好，外绝缘表面清洁，无裂纹及放电现象。

（2）金属部位无锈蚀，底座、构架牢固，无倾斜变形。

（3）设备外涂漆层清洁，无大面积掉漆。

（4）一次、二次引线接触良好，接头无过热，各连接引线无发热迹象，本体温度无异常。

（5）检查密度继电器（压力表）指示在正常规定范围，无漏气现象。

（6）本体二次接线盒密封良好，无锈蚀。无异常声响、异常振动和异常气味。

（7）接地点连接可靠。

4.1.2　检修关键工艺质量控制要求

4.1.2.1　油浸式电流互感器检修

1. 整体更换

（1）安全注意事项。

1）检修场地周围应无可燃或爆炸性气体、液体或引燃火种，否则应采取有效的防范措施和组织措施。

2）在现场进行电流互感器的检修工作，应注意与带电设备保持足够的安全距离，同时做好检修现场各项准备措施。

3）按厂家规定正确吊装设备，设置揽风绳控制方向，并设专人指挥。

4）高空作业时工器具及物品应采取防跌落措施，禁止上下抛掷物品。

（2）关键工艺质量控制。

1）施工环境应满足要求，电流互感器拆卸、安装过程要求在无大风扬沙及其他污染的晴天进行，并采取防尘防雨措施。

2）继电保护和安全自动装置位置正确，检修设备与运行设备二次回路有效隔离。

3）设备到货后现场应检查振动记录仪记录是否超过制造厂允许值、铭牌参数是否有不对应等异常现象，串并联接线板、互感器极性是否符合设计及运行要求。

4）安装应按照厂家规定程序进行。

5）膨胀器内无异物，膨胀完好、密封良好，无渗漏，无永久变形。

6）安装后，设备外观完好，无渗漏油，油位指示正常，等电位连接可靠，均压环安装正确，引线对地距离、相间距离等均符合相关规定。

7）接地点连接牢固可靠，底座接地螺栓用两根接地引下线与地网不同网格可靠连接，接地引下线截面应满足安装地点短路电流的要求。

8）电流互感器二次侧严禁开路，二次备用绕组可靠短路接地。

9）电流互感器的二次出线端子密封良好，并有防转动措施。

10）所有端子及紧固件应有良好的防锈镀层、足够的机械强度和保持良好的接触面。

11）末屏应可靠接地，接线标志牌完整，字迹清晰。

12）串并联接线板接线紧固、正确，与上盖保持足够距离。

13）一次接线板支撑瓷瓶无松动、倾斜。

14）一次接线板过电压保护器表面清洁、无裂纹。

2. 油箱及末屏、二次引线检修

（1）安全注意事项。

1）检修场地周围应无可燃或爆炸性气体、液体或引燃火种，否则应采取有效的防范措施和组织措施。

2）在现场进行电流互感器的检修工作，应注意与带电设备保持足够的安全距离，同时做好检修现场各项准备措施。

3）按厂家规定正确吊装设备，设置揽风绳控制方向，并设专人指挥。

4）高空作业时工器具及物品应采取防跌落措施，禁止上下抛掷物品。

（2）关键工艺质量控制。

1）继电保护和安全自动装置位置正确，检修设备与运行设备二次回路有效隔离，防止误动。

2）二次接线、末屏接线紧固，端子清洁无氧化和放电烧伤痕迹。

3）末屏小套管应清洁，无积污、破损渗漏和放电烧伤痕迹。

4）油箱、放油阀、二次接线端子等各部位密封良好，无渗漏，螺丝紧固。

5）接地端子应接地可靠。

6）密封可靠，无渗漏。

7）加装密封取油样的取样阀，满足密封取油样的要求。

8）严禁混用不同标号变压器油，混用不同品牌的变压器油时，应先做混油试验，合格后方可使用。

3. 金属膨胀器检修

（1）安全注意事项。

1）拆装金属膨胀器时防止机械伤害。按厂家规定正确吊装设备，设置揽风绳控制方向，防止底座和油箱倒下或竖立过程中甩动，并设专人指挥。

2）高空作业时工器具及物品应采取防跌落措施，禁止上下抛掷物品。

（2）关键工艺质量控制。

1）户外改造应在晴天（相对湿度不大于80%）、无风沙的气象环境下进行。

2）操作时注意清洁卫生，严防异物掉进互感器内部。

3）按膨胀器使用说明书的规定安装好膨胀器。

4）油位指示或油温压力指示机构灵活，指示正确。

5）膨胀器伸缩正常、密封可靠，无渗漏和永久变形。

6）膨胀器上盖与外罩连接可靠，不得锈蚀卡死。

7）考虑环境温度，注油油位在最高刻度及最低刻度之间，同间隔三相油位保持一致。

8）注油完毕后，应按照厂家说明书静置排气。

9）各螺丝紧固，金属膨胀器的本体与连接管路畅通。

10）观察窗表面清洁、刻度清晰可见。

11）金属膨胀器内应无气体，如有气体应查明原因。

4. 一次接线板检修

（1）安全注意事项。

1）户外检修应在晴天、无风沙的气象环境下进行。

2）工作前确认检修设备二次回路与运行设备隔离，可靠防护。

3）高空作业时工器具及物品应采取防跌落措施，禁止上下抛掷物品。

（2）关键工艺质量控制。

1）一次接线板连接紧固、密封良好。

2）等电位线连接牢固可靠。

3）串并联接线板接线紧固、正确。

4）一次接线板清洁，无受潮、无放电烧伤痕迹。

5. 互感器补油

（1）安全注意事项。

1）补油应在晴天（相对湿度不大于80％）、无风沙的气象环境下进行。

2）使用补油机补充绝缘油时，应正确取用电源并将其可靠接地，防止低压触电伤人。注意补油机进出油方向正确。

3）检修场地周围应无可燃或爆炸性气体、液体或引燃火种，否则应采取有效的防范措施和组织措施。

（2）关键工艺质量控制。

1）正确选用与互感器相同品牌和标号的绝缘油。

2）严禁使用再生油，严禁混用不同标号绝缘油，混用不同品牌的绝缘油时，应先做混油试验，合格后方可使用。

3）互感器应进行真空注油，并满足真空注油的工艺要求，油量大小和注油速度应按制造厂规定进行。

4.1.2.2 干式电流互感器检修

1. 整体更换

（1）安全注意事项。

1）检修场地周围应无可燃或爆炸性气体、液体或引燃火种，否则应采取有效的防范措施和组织措施。

2）在现场进行电流互感器的检修工作，应注意与带电设备保持足够的安全距离，同时做好检修现场各项准备措施。

3）按厂家规定正确吊装设备，设置揽风绳控制方向，并设专人指挥。

4）高空作业时工器具及物品应采取防跌落措施，禁止上下抛掷物品。

（2）关键工艺质量控制。

1）施工环境应满足要求，电流互感器拆卸、安装过程要求在无大风扬沙及其他污染的晴天进行，并采取防尘防雨措施。

2）继电保护和安全自动装置位置正确，检修设备与运行设备二次回路有效隔离，防止误动。

3）设备到货后现场应检查铭牌参数是否有不对应等异常现象。

4）安装应按照厂家规定程序进行。

5）安装后，设备外观完好、无损，引线相间及对地距离等均符合相关规定。

6）接地点连接牢固可靠，螺栓材质及紧固力矩应符合规定或厂家要求。互感器应有明显的接地符号标志，接地端子应与设备底座可靠连接，并从底座接地螺栓用两根接地引下线与地网不同点可靠连接。

7）电流互感器二次侧严禁开路，二次备用绕组可靠短路接地。

8）电流互感器的二次出线端子密封良好，并有防转动措施。

9）所有端子及紧固件应有良好的防锈镀层、足够的机械强度和保持良好的接触面。

2. 一次接线板检修

（1）安全注意事项。

1）户外检修应在晴天、无风沙的气象环境下进行。

2）工作前确认检修设备二次回路与运行设备隔离，可靠防护。

3）高空作业时工器具及物品应采取防跌落措施，禁止上下抛掷物品。

（2）关键工艺质量控制。

1）一次接线板连接紧固、密封良好。

2）串并联接线板接线紧固、正确。

3）一次接线板清洁，无受潮和放电烧伤痕迹。

3. 末屏及二次引线检修

（1）安全注意事项。

1）户外检修应在晴天、无风沙的气象环境下进行。

2）工作前确认检修设备二次回路与运行设备隔离，可靠防护。

3）拆线及拆卸元器件需做好相关标记和记录。

（2）关键工艺质量控制。

1）末屏、二次接线板清洁，无受潮和放电烧伤痕迹。如表面脏污，应清擦干净；如受潮，应作干燥处理；如有轻微放电炭化点可刮除；端子间有放电烧伤痕迹，可刮掉后再用环氧树脂修补，严重时更换。接线标志牌完整，字迹清晰。

2）检查末屏、二次接线板各端子是否接线正确、接触良好，绝缘值符合相关技术标准要求。

3）检查封堵、标牌、标识是否正确完好。

4.1.2.3 SF_6 电流互感器检修

1. 整体更换

（1）安全注意事项。

1）检修场地周围应无可燃或爆炸性气体、液体或引燃火种，否则应采取有效的防范措施和组织措施。

2）在现场进行电流互感器的检修工作，应注意与带电设备保持足够的安全距离，同时做好检修现场各项准备措施。

3）按厂家规定正确吊装设备，设置揽风绳控制方向，并设专人指挥。

4）高空作业时工器具及物品应采取防跌落措施，禁止上下抛掷物品。

（2）关键工艺质量控制。

1）施工环境应满足要求，电流互感器拆卸、安装过程要求在无大风扬沙及其他污染的晴天进行，并采取防尘防雨措施。

2）继电保护和安全自动装置位置正确，检修设备与运行设备二次回路有效隔离，防止误动。

3）设备到货后现场应检查铭牌参数是否有不对应等异常现象。

4）安装应按照厂家规定程序进行。

5）安装后，设备外观完好、无损，SF_6 无泄漏，气体压力指示正常，引线相间对地距离等均符合相关规定。

6）接地点连接牢固可靠。互感器应有明显的接地符号标识，接地端子应与设备底座可靠连接，并从底座接地螺栓用两根接地引下线与地网不同点可靠连接。

7）检查末屏与外壳连接线是否牢固可靠。

8）电流互感器二次侧严禁开路。

9）电流互感器的二次出线端子密封良好，并有防转动措施。

10）所有端子及紧固件应有良好的防锈镀层，足够的机械强度和保持良好的接触面。

11）SF_6 气体密度继电器、压力表应加装防雨罩，并按相关要求进行校验。

12）检验密度继电器，SF_6 气体报警接点应符合产品技术要求，并做记录。

2. 一次导电部分检修

（1）安全注意事项。

1）户外检修应在晴天、无风沙的气象环境下进行。

2）工作前确认检修设备二次回路与运行设备隔离，可靠防护。

3）高空作业时工器具及物品应采取防跌落措施，禁止上下抛掷物品。

（2）关键工艺质量控制。

1）一次接线板连接紧固。

2）一次接线板密封良好，SF_6 气体压力指示正常。

3）一次接线板清洁，无受潮、无放电烧伤痕迹。

3. 二次引线检修

（1）安全注意事项。

1）户外检修应在晴天、无风沙的气象环境下进行。

2）工作前确认检修设备二次回路与运行设备隔离，可靠防护。

（2）关键工艺质量控制。

1）二次接线柱密封良好，SF_6 气体压力指示正常。

2）二次接线柱清洁，无受潮、无放电烧伤痕迹。

3）解拆线及拆卸元器件须做好相关标记和记录。

4）接线标志牌完整，字迹清晰。

5）检查二次接线板各端子是否接线正确、接触良好，绝缘值符合相关技术标准要求。

6）二次封堵、标牌、标识是否正确完好。

4. SF_6 气体处理

（1）安全注意事项。

1）回收、充装 SF_6 气体时，工作人员应在上风侧操作，必要时应穿戴好防护用具。作业环境应保持通风良好，尽量避免和减少 SF_6 气体泄漏到工作区域。户内作业要求开启通风系统，监测工作区域空气中 SF_6 气体含量不得超过 1000μL/L，含氧量大于 18%。

2）抽真空时要有专人负责，在真空泵进气口配置电磁阀，防止误操作而引起的真空泵油倒灌。被抽真空气室附近有高压带电体时，主回路应可靠接地。

3）抽真空的过程中，严禁对设备进行任何加压试验。

4）抽真空设备应用经校验合格的指针式或电子液晶体真空计，严禁使用水银真空计，防止抽真空操作不当导致水银被吸入电气设备内部。

5）从 SF_6 气瓶中引出 SF_6 气体时，应使用减压阀降压。运输和安装后第一次充气时，充气装置中应包括一个安全阀，以免充气压力过高引起设备损坏。

6）装有 SF_6 气体的气瓶应远离热源和油污的地方，防潮、防阳光暴晒，并不得有水分或有油污粘在阀门上。

7）气瓶轻搬轻放，避免受到剧烈撞击。

8）用过的 SF_6 气瓶应关紧阀门，带上瓶帽。

（2）关键工艺质量控制。

1）回收、抽真空及充气前，检查 SF_6 充放气逆止阀顶杆和阀芯，更换使用过的密封圈。

2）回收、充气装置中的软管和电气设备的充气接头应连接可靠，管路接头连接后抽真空进行密封性检查。

3）充装 SF_6 气体时，周围环境的相对湿度应不大于 80%。

4）SF_6 气体应经检测合格（含水量不大于 0.0005%、纯度不低于 99.8%），充气管道和接头应进行清洁、干燥处理，充气时应防止空气混入。

5）气室抽真空及密封性检查应按照厂家要求进行，厂家无明确规定时，抽真空至 133Pa 以下并继续抽真空 30min，停泵 30min，记录真空度（记为 A），再隔 5h，读真空度（记为 B），若 $B-A<133$Pa，则可认为合格，否则应进行处理并重新抽真空至合格为止。

6）选用真空泵的功率等技术参数应能满足气室抽真空的最低要求，管径大小及强度、管道长度、接头口径应与被抽真空的气室大小相匹配。

7）设备抽真空时，严禁用抽真空的时间长短来估计真空度，抽真空所连接的管路一般不超过 5m。

8）对国产气体宜采用液相法充气（将钢瓶放倒，底部垫高约 30°），使钢瓶的出口处于液相。对于进口气体，可以采用气相法充气。

9）充气速率不宜过快，以气瓶底部（充气管）不结霜为宜。环境温度较低时，液态 SF_6 气体不易气化，可对钢瓶加热（不能超过 40℃），提高充气速度。

10）对使用混合气体的电流互感器，气体混合比例应符合产品技术规定。

11）当气瓶内压力降至 0.1MPa 时，应停止充气。充气完毕后，应称钢瓶的质量，以计算电流互感器内气体的质量，瓶内剩余气体质量应标出。

12）充气24h之后应进行密封性试验。

13）充气完毕静置24h后进行含水量测试、纯度检测，必要时进行气体成分分析。

5. 密度继电器检修

（1）安全注意事项。

1）工作前将SF_6密度继电器与本体气室的连接气路断开，确认SF_6密度继电器与本体之间的阀门已关闭或本体SF_6已全部回收，工作人员位于上风侧，做好防护措施。

2）工作前断开SF_6密度继电器相关电源并确认无电压。

（2）关键工艺质量控制。

1）使用的SF_6密度继电器应经校检合格并出具合格证。

2）SF_6密度继电器外观完好，无破损、漏油等，防雨罩完好，安装牢固。

3）SF_6密度继电器及管路密封良好，年漏气率小于0.5%或符合产品技术规定。

4）电气回路端子接线正确，电气接点切换准确可靠、绝缘电阻符合产品技术规定，并做记录。

6. 吸附剂更换

（1）安全注意事项。

1）打开气室工作前，应先将SF_6气体回收并抽真空后，用高纯氮气冲洗3次。

2）打开气室后，所有人员应撤离现场30min后方可继续工作，工作时人员应站在上风侧，应穿戴防护用具。

3）对户内设备，应先开启强排通风装置15min，确认室内SF_6气体含量和氧含量合格后，方可进入，工作过程中应当保持通风装置运转。

4）更换旧吸附剂时，应穿戴好乳胶手套，避免直接接触皮肤。

5）旧吸附剂应倒入20%浓度的NaOH溶液内浸泡12h后，装于密封容器内深埋。

6）从烘箱取出烘干的新吸附剂前，须适当降温，并佩戴隔热防护手套。

（2）关键工艺质量控制。

1）正确选用吸附剂，吸附剂规格、数量符合产品技术规定。

2）吸附剂使用前放入烘箱进行活化，温度、时间符合产品技术规定。

3）吸附剂取出后应立即装入气室（小于15min），尽快将气室密封抽真空（小于30min）。

4）对于真空包装的吸附剂，使用前应检查真空包装无破损，如存在破损进气现象，应放入烘箱重新进行活化处理。

4.1.2.4 例行检查

1. 安全注意事项

（1）电流互感器二次侧严禁开路。

（2）应认真检查电流互感器的状态，应注意对继电保护和安全自动装置的影响，防止误动。

（3）断开与互感器相关的各类电源并确认无压。拆下的控制回路及电源线头所作标记正确、清晰、牢固，防潮措施可靠。

（4）接取低压电源时，防止触电伤人。

2. 关键工艺质量控制

（1）一次、二次接线端子应连接牢固，接触良好，标志清晰，无过热痕迹。

（2）二次回路应在端子排处一点接地。

（3）设备外观完好无损。外绝缘表面清洁，无裂纹和放电现象。

（4）金属部位无锈蚀，底座、构架牢固，无倾斜变形。

（5）架构、遮栏、器身外涂漆层清洁、无爆皮掉漆。

（6）无异常振动、异常声音及异味。

（7）接地点连接可靠。

（8）油浸式电流互感器各部位应无渗漏油现象。

（9）油浸式电流互感器油位正常。

（10）油浸式电流互感器金属膨胀器指示正常，无渗漏。

（11）气体绝缘电流互感器各部位应无漏气现象。

（12）气体绝缘电流互感器防爆膜完好。

（13）气体绝缘电流互感器压力表的压力值正常。

（14）气体绝缘电流互感器校验 SF_6 密度继电器的整定值，校验核对信号回路符合设计及运行要求。

（15）干式电流互感器各部位应无漏胶裂纹现象。

4.1.3　常见问题及整改措施

4.1.3.1　电流互感器二次接线盒锈蚀

【问题描述】电流互感器二次接线盒锈蚀，如图 4－1 所示。

【违反条例】金属部位无锈蚀，底座、构架牢固，无倾斜变形，设备外涂漆层清洁，无大面积掉漆。

【整改措施】结合停电开展防腐刷漆工作，如图 4－2 所示，确保设备运行稳定。

图 4－1　二次接线盒锈蚀严重

图4-2　二次接线盒防腐刷漆到位无锈蚀

4.1.3.2　油位视窗老化褪色

【问题描述】由于油位视窗为有机玻璃制品，经年累月的风吹日晒使得有机玻璃老化破裂，从而造成无法看清油位标识的问题，如图4-3所示。

【违反条例】安装后，设备外观完好，无渗漏油，油位指示正常，等电位连接可靠，均压环安装正确，引线对地距离、相间距离等均符合相关规定。

【整改措施】结合停电检修更换有机玻璃视窗，如图4-4所示。

图4-3　油位视窗老化且有裂纹，无法看清油位

图4-4　更换有机玻璃后，油位视窗清晰

4.1.3.3　外绝缘存在积灰现象，绝缘瓷套脏污

【问题描述】外绝缘存在积灰现象，绝缘瓷套脏污，如图4-5所示，存在设备绝缘强度降低的风险。

【违反条例】设备外观完好、无渗漏；外绝缘表面清洁、无裂纹及放电现象。

【整改措施】结合停电检修对设备外绝缘进行清扫，如图4-6所示。

图 4-5 外绝缘存在积灰现象，绝缘瓷套脏污

图 4-6 外绝缘表面清洁

4.1.3.4 设备出厂铭牌锈蚀看不清

【问题描述】设备出厂铭牌长期风吹日晒，严重锈蚀无法看清，如图 4-7 所示。

【违反条例】设备外观完好、无渗漏；外绝缘表面清洁、无裂纹及放电现象。

【整改措施】向厂家索取设备铭牌或根据设备出厂报告制作设备铭牌，铭牌布置位置应保证现场清晰可识别，如图 4-8 所示。

图 4-7 出厂铭牌部分掉落且锈蚀不清晰

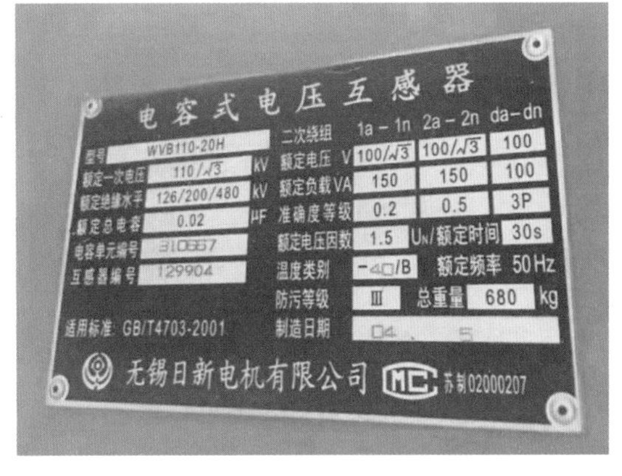

图 4-8 设备出厂铭牌齐全、清晰可识别

4.1.3.5 电流互感器变比螺丝锈蚀

【问题描述】电流互感器变比螺丝锈蚀，如图 4-9 所示，容易引起接触面过热，影响设备稳定运行。

【违反条例】一次、二次、末屏引线接触良好，接头无过热，各连接引线无发热、变色，本体温度无异常，一次导电杆及端子无变形、裂痕。

【整改措施】结合停电检修，对锈蚀的变比螺丝进行更换，如图 4-10 所示，确保设备稳定运行。

4.1.3.6 电流互感器一次连接采用铜铝过渡线夹

【问题描述】电流互感器一次连接采用铜铝对接线夹，如图 4-11 所示，该线夹长时间运行后存在断裂可能。

图4-9 变比螺丝锈蚀严重

图4-10 变比螺丝已更换

【违反条例】一次、二次、末屏引线接触良好，接头无过热，各连接引线无发热、变色，本体温度无异常，一次导电杆及端子无变形、裂痕。

【整改措施】结合停电检修，将铜铝对接线夹更换为铜铝过渡线夹，如图4-12所示。

图4-11 一次连接采用铜铝对接线夹

图4-12 更换为铜铝过渡线夹

4.1.4 典型故障案例

4.1.4.1 电流互感器接线座渗油缺陷处理

经过前期现场摸底，作业人员判断出为B相开关侧电流互感器接线座处渗油（其余两相检查无渗油），处理前情况如图4-13所示。

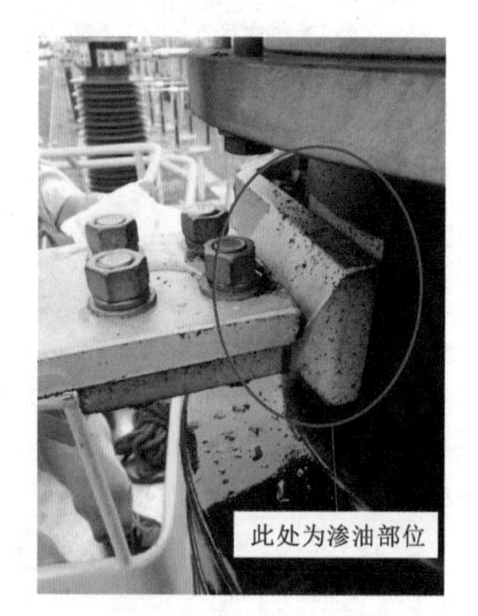

图4-13 渗油部位

为了处理该缺陷，需将电流互感器顶部金属膨胀器拆除，进而才能从电流互感器内部拆下接线座，更换该部位密封圈，如图4-14所示。

更换密封圈后对设备进行装复，经检查确认渗油缺陷消除后，工作结束。

检查拆下的密封圈并未发现明显的老化现象，因此可排除密封圈质量问题导致了渗油缺陷。

（a）正在拆除金属膨胀器

（b）电流互感器内部结构

（c）接线座拆除后的情况

图4-14　处理过程

排除设备本身问题后，现场作业人员发现搭接在接线座上的是630的双分裂导线，且该段导线横跨过道长度较长，导线质量很大。因此，判断渗油原因为导线搭接后对接线座有一个很大的斜向下的拉力，造成了该部位密封出现问题。现场回装时，对接线座的内部安装螺母加强紧固，如图4-15所示，防止再出现同样原因的渗油问题。

4.1.4.2　电流互感器接头部位过热缺陷处理

设备运行过程中，通过红外测温，可以发现设备可能存在的异常过热现象。图4-16为油浸式电流互感器的接头部位存在的过热现象，产生原因可能为：①接触面存在毛刺；②导电膏涂抹不均匀。应停电后进行接触面处理。

现场打开接触面后发现，接触面上的导电膏已经固化，失去提高导电性能的作用，如图4-17和图4-18所示。

彻底清洗接触面并均匀涂抹导电膏，装回后再对回路电阻进行复测，直至合格，最终缺陷消除，如图4-19所示。

图 4-15　预防措施

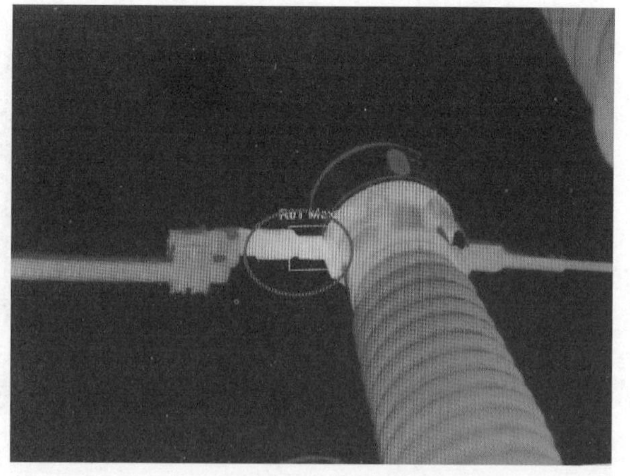

图 4-16　过热部位是电流互感器接线座的接触面

图 4-17　处理前单个接触面接触电阻为 46μΩ

图 4-18　接触面导电膏固化，失去提高导电性能的作用

（a）用酒精清洗干净

（b）涂抹合格导电膏

（c）处理后单个接触面接触电阻为5.4 μΩ

图 4-19　处理过程

4.2 电压互感器检修

4.2.1 专业巡视要点

4.2.1.1 油浸式电压互感器巡视

（1）设备外观完好、无渗漏，外绝缘表面清洁，无裂纹和放电现象。

（2）金属部位无锈蚀，底座、构架牢固，无倾斜变形，设备外涂漆层清洁，无大面积掉漆。

（3）一次、二次引线连接正常，各连接接头无过热迹象，本体温度无异常。

（4）本体油位正常。

（5）端子箱密封良好，二次回路主熔断器或自动开关完好。

（6）电容式电压互感器二次电压（包括开口三角形电压）无异常波动。

（7）无异常声响、振动和气味。

（8）接地点连接可靠。

（9）上节、下节电容单元连接线完好，无松动。

（10）外装式一次消谐装置外观良好，安装牢固。

4.2.1.2 干式电压互感器巡视

（1）设备外观完好，外绝缘表面清洁、无裂纹及放电现象。

（2）金属部位无锈蚀，底座、构架牢固，无倾斜变形。

（3）一次、二次引线连接正常，各连接接头无过热迹象，本体温度无异常。

（4）二次回路主熔断器或自动开关完好。

（5）无异常声响、振动和气味。

（6）接地点连接可靠。

（7）一次消谐装置外观完好，连接紧固，接地完好。

（8）电子式电压互感器电压采集单元接触良好，二次输出电压正常。

（9）外装式一次消谐装置外观良好，安装牢固。

4.2.1.3 SF_6 电压互感器巡视

（1）设备外观完好，外绝缘表面清洁、无裂纹及放电现象。

（2）金属部位无锈蚀，底座、构架牢固，无倾斜变形。

（3）一次、二次引线连接正常，各连接接头无过热迹象，本体温度无异常。

（4）密度继电器（压力表）指示在正常区域，无漏气现象。

（5）二次回路主熔断器或自动开关应完好。

（6）二次电压（包括开口三角形电压）无异常波动。

（7）无异常声响、振动和气味。

（8）接地点连接可靠。

（9）外装式一次消谐装置外观良好，安装牢固。

4.2.2 检修关键工艺质量控制要求

4.2.2.1 油浸式电压互感器检修

1. 整体更换

(1) 安全注意事项。

1) 工作前必须认真检查停用电压互感器的状态，应注意对继电保护和安全自动装置的影响，将二次回路主熔断器或二次空气开关断开，防止电压反送。

2) 在现场进行电压互感器的检修工作，应注意与带电设备保持足够的安全距离，同时做好检修现场各项安全措施。

3) 吊装应按照厂家规定程序进行，选择合适的吊装设备和正确的吊点，设置揽风绳控制方向，并设专人指挥。

4) 高空作业时工器具及物品应采取防跌落措施，禁止上下抛掷物件。

(2) 关键工艺质量控制。

1) 施工环境应满足要求，电压互感器拆卸、安装过程要求在无大风扬沙的天气进行，并采取防尘防雨防潮措施。

2) 安装后，检查设备外观完好、无损，无渗漏油，油位指示正常，等电位连接可靠，均压环安装正确，引线相间及对地距离、保护间隙等均符合相关规定。

3) 接地点连接牢固可靠，检查电磁式电压互感器高压侧绕组接地端、电容式电压互感器的低压端子及互感器底座接地等。

4) 电压互感器构架应有两处与接地网可靠连接。

5) 末屏引出小套管接地良好，并有防转动措施。

6) 二次出线端子密封良好，并有防转动措施。

7) 电压互感器二次侧严禁短路。

8) 所有端子及紧固件应有良好的防锈镀层、足够的机械强度和保持良好的接触面。

9) 当有外装式一次消谐装置时，应安装牢固。

10) 对于220kV及以上电压等级的电容式电压互感器，其电容器单元安装时必须按照出厂时的编号以及上下顺序进行安装，严禁互换。

2. 金属膨胀器检修

(1) 安全注意事项。

1) 户外检修应在晴天、无风沙的气象环境下进行。

2) 吊装应按照厂家规定程序进行，选择合适的吊装设备和正确的吊点，设置揽风绳控制方向，并设专人指挥。

3) 高空作业时工器具及物品应采取防跌落措施，禁止上下抛掷物件。

(2) 关键工艺质量控制。

1) 施工环境应满足要求，金属膨胀器拆卸、安装过程要求在无大风扬沙的天气进行，并采取防尘防雨防潮措施。

2) 装配时器身暴露在空气中的时间应尽量短，以免内绝缘受潮。当空气相对湿度小于65%时，器身暴露时间不得超过8h；相对湿度在65%～75%时，不得超过6h；相对湿度大于75%时，不宜装配器身。

3）操作时注意清洁卫生，严防异物掉进互感器内部。

4）膨胀器安装时，严防碰损波纹盘。

5）油位指示或油温压力指示机构灵活，指示正确。

6）压力释放装置完好，膨胀器上盖与外罩连接可靠，无锈蚀、卡涩现象。

7）膨胀器膨胀完好，密封可靠，无渗漏和永久变形。

8）各部位螺栓紧固，膨胀器的本体与连接管路畅通。

9）金属膨胀器内应无气体，如有气体应查明原因。

3. 二次引线及接线板检修

（1）安全注意事项。

1）户外检修应在晴天、无风沙的气象环境下进行。

2）工作前确认检修设备二次回路与运行设备隔离，可靠防护。

3）高空作业时工器具及物品应采取防跌落措施，禁止上下抛掷物件。

（2）关键工艺质量控制。

1）二次引线及接线板密封良好，无渗漏。

2）二次引线及接线板清洁，无受潮和异常放电烧伤痕迹。

3）二次引线及接线板各端子接线正确、接触良好，绝缘值符合相关技术标准要求。

4）二次出线端子密封良好，并有防转动措施，以防内部引线扭断。

5）电压互感器二次侧严禁短路。

6）所有端子及紧固件应有良好的防锈镀层、足够的机械强度和保持良好的接触面。

4. 互感器补油

（1）安全注意事项。

1）使用补油机补充绝缘油时，必须正确取用电源并将其可靠接地，防止低压触电伤人，注意补油机进出油方向正确。

2）检修场地周围应无可燃或爆炸性气体、液体或引燃火种，否则应采取有效的防范措施和组织措施。

（2）关键工艺质量控制。

1）补油应在晴天（相对湿度不大于80%）、无风沙的气象环境下进行。

2）正确选用与互感器相同品牌和标号的绝缘油。

3）严禁使用再生油，严禁混用不同标号绝缘油，混用不同品牌的绝缘油时，应先做混油试验，合格后方可使用。

4）互感器应进行真空注油，并满足真空注油的工艺要求，油量大小和注油速度应按制造厂规定进行。

4.2.2.2 干式电压互感器检修

（1）安全注意事项。

1）工作前必须认真检查停用电压互感器的状态，应注意对继电保护和安全自动装置的影响，将二次回路主熔断器或二次空气开关断开，防止电压反送。

2）在现场进行电压互感器的检修工作，应注意与带电设备保持足够的安全距离，同时做好检修现场各项安全措施。

3）吊装应按照厂家规定程序进行，选择合适的吊装设备和正确的吊点，设置揽风绳控制方向，并设专人指挥。

4）高空作业时工器具及物品应采取防跌落措施，禁止上下抛掷物件。

（2）关键工艺质量控制。

1）安装后，检查设备外观完整、无损，引线相间及对地距离符合相关规定。

2）互感器应有明显的接地符号标志，接地点连接应牢固可靠，螺栓材质及紧固力矩应符合规定或厂家要求，并应有两根接地引下线与地网不同点可靠连接。

3）电压互感器二次侧严禁短路。

4）电压互感器的二次出线端子密封良好。

5）所有端子及紧固件应有良好的防锈镀层、足够的机械强度和保持良好的接触面。

6）各引线连接紧固可靠，密封良好，二次输出电压应正常。

7）当有外装式一次消谐装置时，应安装牢固。

4.2.2.3 SF_6 电压互感器检修

1. 整体更换

（1）安全注意事项。

1）工作前必须认真检查停用电压互感器的状态，应注意对继电保护和安全自动装置的影响，将二次回路主熔断器或二次空气开关断开，防止电压反送。

2）在现场进行电压互感器的检修工作，应注意与带电设备保持足够的安全距离，同时做好检修现场各项安全措施。

3）吊装应按照厂家规定程序进行，选择合适的吊装设备和正确的吊点，设置揽风绳控制方向，并设专人指挥。

4）高空作业时工器具及物品应采取防跌落措施，禁止上下抛掷物件。

5）应按规定程序及要求防止 SF_6 气体泄漏，最大限度地减少对大气污染和人身危害。

（2）关键工艺质量控制。

1）施工环境应满足要求，电压互感器拆卸、安装过程要求在无大风扬沙的天气进行，并采取防尘防雨措施。

2）安装后，检查设备外观完整、无损，SF_6 气体无渗漏，气体压力指示正常，引线对地距离符合相关规定。

3）互感器应有明显的接地符号标志，接地点连接应牢固可靠，螺栓材质及紧固力矩应符合规定或厂家要求，并应有两根接地引下线与地网不同点可靠连接。

4）末屏引出小套管接地良好，并有防转动措施，以防内部引线扭断。

5）电压互感器二次侧严禁短路。

6）二次出线端子密封良好，并有防转动措施，以防内部引线扭断。

7）所有端子及紧固件应有良好的防锈镀层、足够的机械强度和保持良好的接触面。

8）SF_6 气体密度继电器、压力表应加装防雨罩，并按相关要求进行校验。

9）检验密度继电器，SF_6 气体报警接点应符合产品技术要求，并做记录。

10）当有外装式一次消谐装置时，应安装牢固。

2. 二次引线及接线板检修

（1）安全注意事项。

1）户外检修应在晴天、无风沙的气象环境下进行。

2）工作前确认检修设备二次回路与运行设备隔离，可靠防护。

3）高空作业时工器具及物品应采取防跌落措施，禁止上下抛掷物件。

（2）关键工艺质量控制。

1）二次引线及接线板密封良好，SF_6 气体压力指示正常。

2）二次引线及接线板清洁，无受潮和异常放电烧伤痕迹。

3）二次引线及接线板各端子接线正确、接触良好，绝缘值符合相关技术标准要求。

4）二次出线端子密封良好，并有防转动措施，以防内部引线扭断。

5）电压互感器二次侧严禁短路。

6）所有端子及紧固件应有良好的防锈镀层、足够的机械强度和保持良好的接触面。

3. SF_6 气体处理

（1）安全注意事项。

1）回收、充装 SF_6 气体时，工作人员应在上风侧操作，必要时应穿戴好防护用具。作业环境应保持通风良好，尽量避免和减少 SF_6 气体泄漏到工作区域。户内作业要求开启通风系统，监测工作区域空气中 SF_6 气体含量不得超过 $1000\mu L/L$，含氧量大于18%。

2）抽真空时要有专人负责，在真空泵进气口配置电磁阀，防止误操作而引起的真空泵油倒灌。被抽真空气室附近有高压带电体时，主回路应可靠接地。

3）抽真空的过程中，严禁对设备进行任何加压试验。

4）抽真空设备应用经校验合格的指针式或电子液晶体真空计，严禁使用水银真空计，防止抽真空操作不当导致水银被吸入电气设备内部。

5）从 SF_6 气瓶中引出 SF_6 气体时，应使用减压阀降压。运输和安装后第一次充气时，充气装置中应包括一个安全阀，以免充气压力过高引起设备损坏。

6）装有 SF_6 气体的气瓶应远离热源和油污的地方，防潮、防阳光暴晒，并不得有水分或有油污粘在阀门上。

7）气瓶轻搬轻放，避免受到剧烈撞击。

8）用过的 SF_6 气瓶应关紧阀门，带上瓶帽。

（2）关键工艺质量控制。

1）回收、抽真空及充气前，检查 SF_6 充放气逆止阀顶杆和阀芯，更换使用过的密封圈。

2）回收、充气装置中的软管和电气设备的充气接头应连接可靠，管路接头连接后抽真空进行密封性检查。

3）充装 SF_6 气体时，周围环境的相对湿度应不大于80%。

4）SF_6 气体应经检测合格（含水量不大于 $40\mu L/L$、纯度不低于99.8%），充气管道和接头应进行清洁、干燥处理，充气时应防止空气混入。

5）气室抽真空及密封性检查应按照厂家要求进行，厂家无明确规定时，抽真空至

133Pa以下并继续抽真空30min，停泵30min，记录真空度（记为A），再隔5h，读真空度（记为B），若$B-A<133$Pa，则可认为合格，否则应进行处理并重新抽真空至合格为止。

6）选用真空泵的功率等技术参数应能满足气室抽真空的最低要求，管径大小及强度、管道长度、接头口径应与被抽真空的气室大小相匹配。

7）设备抽真空时，严禁用抽真空的时间长短来估计真空度，应在真空度表计到达指示位置后维持真空度30～60min。抽真空所连接的管路一般不超过5m。

8）对国产气体宜采用液相法充气（将气瓶放倒，底部垫高约30°），使气瓶的出口处于液相。对于进口气体，可以采用气相法充气。

9）充气速率不宜过快，以气瓶瓶头、减压阀和充气管不结霜为宜。环境温度较低时，液态SF_6气体不易气化，可对气瓶加热（不能超过40℃），提高充气速度。

10）对使用混合气体的互感器，气体混合比例应符合产品技术规定。

11）当气瓶内压力降至0.1MPa时，应停止充气。充气完毕后，应称气瓶的质量，以计算电压互感器内气体的质量，瓶内剩余气体质量应标出。

12）充气24h之后应进行密封性试验。

13）充气完毕静置24h后进行含水量测试、纯度检测，必要时进行气体成分分析。

4. 密度继电器检修

（1）安全注意事项。

1）工作前将SF_6密度继电器与本体气室的连接气路断开，确认SF_6密度继电器与本体之间的阀门已关闭或本体SF_6已全部回收，工作人员位于上风侧，做好防护措施。

2）工作前断开SF_6密度继电器相关电源并确认无电压。

（2）关键工艺质量控制。

1）使用的SF_6密度继电器应经校检合格并出具合格证。

2）SF_6密度继电器外观完好，无破损、漏油等，防雨罩完好，安装牢固。

3）SF_6密度继电器及管路密封良好，年漏气率小于0.5%或符合产品技术规定。

4）电气回路端子接线正确，电气接点切换准确可靠、绝缘电阻符合产品技术规定，并做好记录。

5. 压力表检修

（1）安全注意事项。工作前断开压力表相关电源并确认无电压。

（2）关键工艺质量控制。

1）压力表应经校检合格方可使用。

2）压力表外观良好，无破损、泄漏等。

3）压力表及管路密封良好。

4）电接点压力表的电气接点切换准确可靠、绝缘值符合相关技术标准要求，并做记录。

6. 吸附剂更换

（1）安全注意事项。

1）打开气室工作前，应先将SF_6气体回收并抽真空后，用高纯氮气冲洗3次。

2）打开气室后，所有人员应撤离现场30min后方可继续工作，工作时人员应站在上风侧，应穿戴防护用具。

3）对户内设备，应先开启强排通风装置15min，待确认室内SF_6气体和氧气含量合格后，方可进入，工作过程中应当保持通风装置运转。

4）更换旧吸附剂时，应穿戴好乳胶手套，避免直接接触皮肤。

5）旧吸附剂应倒入20%浓度的NaOH溶液内浸泡12h后，装于密封容器内深埋。

6）从烘箱取出烘干的新吸附剂前，须适当降温，并戴隔热防护手套。

（2）关键工艺质量控制。

1）正确选用吸附剂，吸附剂规格、数量符合产品技术规定。

2）吸附剂使用前放入烘箱进行活化，温度、时间符合产品技术规定。

3）吸附剂取出后应立即装入气室（小于15min），尽快将气室密封抽真空（小于30min）。

4）对于真空包装的吸附剂，使用前应检查真空包装无破损，如存在破损进气现象，应放入烘箱重新进行活化处理。

4.2.2.4 例行检查

1. 安全注意事项

（1）工作前必须认真检查停用电压互感器的状态，应注意对继电保护和安全自动装置的影响，将二次回路主熔断器或二次空气开关断开，防止电压反送。

（2）在现场进行电压互感器的检修工作，应注意与带电设备保持足够的安全距离，同时做好检修现场各项安全措施。

（3）高空作业时工器具及物品应采取防跌落措施，禁止上下抛掷物件。

（4）断开与互感器相关的各类电源并确认无压。

（5）接取低压电源时，检查漏电保安器动作可靠，正确使用万用表。

（6）拆下的二次回路线头所作标记正确、清晰、牢固，防潮措施可靠。

2. 关键工艺质量控制

（1）设备外观完好、无损，外绝缘表面清洁，无裂纹和异常放电现象。

（2）一次、二次接线端子应连接牢固，接触良好，标志清晰，无过热迹象。

（3）金属部位无锈蚀，底座、构架牢固，无倾斜变形。

（4）油浸式互感器无渗漏油现象，油位正常。

（5）SF_6电压互感器密封良好，SF_6气体压力值指示正常。

（6）固体绝缘互感器外绝缘完好，无破损漏胶、裂纹和异常放电现象。

（7）金属膨胀器波纹片无渗漏、开裂或永久变形，膨胀位置指示正常，顶盖外罩连接螺钉齐全无锈蚀。

（8）检查二次接线排列应整齐美观，接线牢靠，接触良好不松动。

（9）二次熔断器或二次空气开关正常。

（10）互感器及附件绝缘电阻满足要求。用2500V绝缘电阻表测量互感器的绝缘电阻。

（11）辅助回路和控制回路电缆、接地线外观完好，用1000V绝缘电阻表测量电缆的绝缘电阻。

（12）接地点连接可靠。

（13）末屏检查接触导通良好，末屏引出小套管接地良好，并有防转动措施。

（14）加热器回路工作正常，能自动投切。

（15）互感器喷漆前应清除表面污垢，漆膜无皱纹、麻点、气泡和流痕，附着力强、有弹性。

（16）所有紧固件应用力矩扳手或液压设备进行定量紧固控制。

（17）按要求进行绝缘电阻、直流电阻、介质损耗和电容量等测试，并应满足规程要求。

（18）电子式电压互感器采集单元各引线连接紧固可靠，密封良好。

（19）外装式一次消谐装置外观良好，安装牢固。

4.2.3 常见问题及整改措施

4.2.3.1 电压互感器金属部位存在锈蚀现象

【问题描述】由于设备长期户外运行，导致设备的金属部件发生锈蚀，如图 4-20 所示。

【违反条例】金属部位无锈蚀，底座、构架牢固，无倾斜变形，设备外涂漆层清洁，无大面积掉漆。

【整改措施】结合停电检修进行彻底防腐刷漆，如图 4-21 所示。

图 4-20 金属部位存在锈蚀现象

4.2.3.2 油浸式电压互感器油位指示不清晰

【问题描述】油浸式电压互感器油位指示不清晰，如图 4-22 所示。

【违反条例】安装后，检查设备外观完好、无损，无渗漏油，油位指示正常，等电位连接可靠，均压环安装正确，引线相间及对地距离、保护间隙等均符合相关规定。

图 4-21 器身、构架等金属部件无锈蚀、爆皮掉漆

【整改措施】电压互感器油位视窗为无机玻璃材质，应结合停电对视窗玻璃进行清洗干净，如图 4-23 所示。

图 4-22 指示不清晰

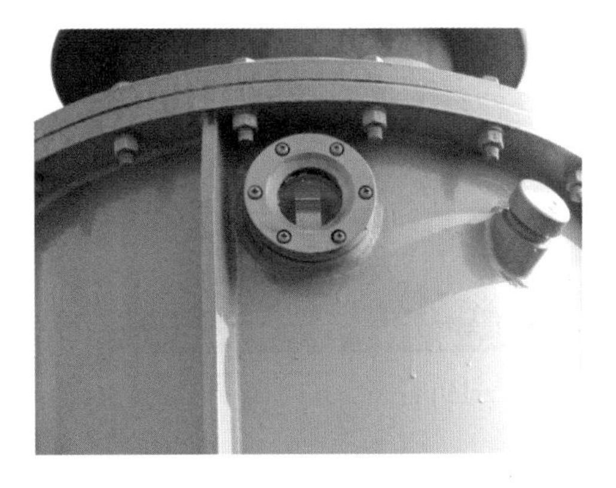

图 4-23 视窗位置指示清晰

4.2.3.3 油浸式电压互感器出厂铭牌不清晰

【问题描述】设备出厂铭牌长期风吹日晒，严重锈蚀无法看清，如图 4-24 所示。

【违反条例】设备外观完好、无渗漏，外绝缘表面清洁，无裂纹和放电现象。

【整改措施】向厂家索取设备铭牌或根据设备出厂报告制作设备铭牌，铭牌布置位置应保证现场清晰可识别，如图 4-25 所示。

4.2.3.4 电压互感器一次连接采用螺栓型线夹

【问题描述】一次连接采用螺栓型线夹，存在螺栓松动导致线夹脱落的可能，如图 4-26 所示。

【违反条例】一次、二次引线连接正常，各连接接头无过热迹象，本体温度无异常。

【整改措施】结合停电检修对螺栓型线夹进行更换，如图 4-27 所示。

图4-24　出厂铭牌不清

图4-25　设备出厂铭牌齐全、清晰可识别

图4-26　采用螺栓型线夹，存在脱落风险

图4-27　更换为常规线夹

4.2.4　典型故障案例

4.2.4.1　电磁式电压互感器过热缺陷处理

××变电站220kV正母线A相电压下降趋势明显，为19.9kV，其余两相正常为130.5kV左右；220kV正母线电压为144.69kV，$3U_0$为109.67V。遥信显示220kV正母压变电压互感器计量二次电压空开跳开，相关保护装置异常。运维人员对220kV江湾变正母压变进行红外测温时，发现220kV正母压变A相异常过热，温度达到37℃，B相温度为8℃，C相温度为8℃，如图4-28所示（设备状态：220kV正母压变为运行状态）。

当天晚上，抢修人员到达现场后，对正母压变A相进行拆头试验。直流电阻试验与绝缘电阻试验数据合格，电容单元试验介质损耗有较大的增长（合格范围内），电容量正常，互感器一次加压后二次基本无电压输出，变比无法测试。B、C相相关诊断试验均合格。

图 4-28 220kV 正母压变红外图谱

经商议决定，更换三相电压互感器，对拆下的电压互感器进行返厂解体检查。

第三日下午 15 时左右，现场完成新的电压互感器安装。安装完成后对新设备进行冲击试验、二次核相。

拆下旧的电压互感器，对其上下节叠柱分离后，装车运往厂家。

油化专业人员对旧的三相电压互感器采取油样分析，分析结果显示 A 相压变总烃、乙炔、氢含量超过注意值，三比值编码：022，故障性质：高温过热（高于 700℃）。

结合高压试验故障的 A 相压变的变比无法测得数据，同时存在过热情况，二次直阻试验完好，初步判断怀疑电压互感器一次绕组存在异常。

事故发现第三日，在厂家厂房内对压变进行第三方解体分析。经解体检查发现，该互感器电磁单元一次线圈有外力损伤、一次线圈匝间短路、层间绝缘用薄膜烧焦发黑、二次引线绝缘层开裂现象。

对同组 B 相无异常电容式电压互感器进行对比解体检查，电磁单元一次线圈无异常，但一次、二次线圈外绝缘（类似保鲜膜的极薄的薄膜）及层间绝缘（电缆纸）与 A 相电压互感器（一次、二次线圈外绝缘及层间绝缘为较厚的薄膜）不同。

1. 解体检查 A 相异常电压互感器

（1）二次线圈引线外层绝缘开裂，如图 4-29 所示。

（2）一次线圈端面有胶状的黑色物质，如图 4-30 所示。

图 4-29 二次线圈引线绝缘层开裂

图 4－30　一次线圈端面有黑色物质

（3）一次绕组外层绝缘包绕很厚的绝缘膜，绝缘膜大面积烧损变黑（图 4－31），一次线圈表面有一处轴向损伤凹痕（图 4－32）。

图 4－31　一次线圈外包绝缘膜大面积烧损变黑

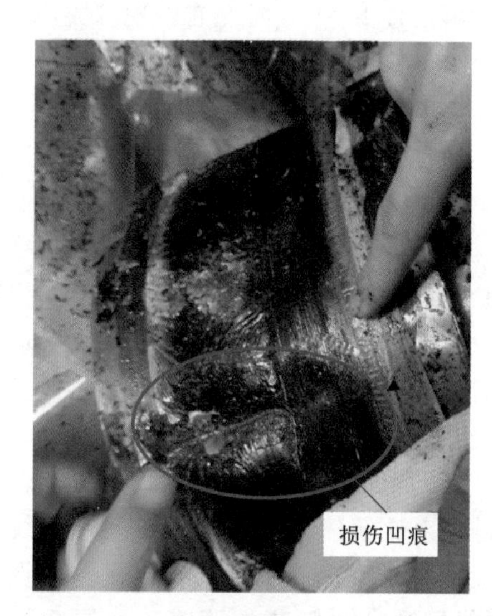

图 4－32　一次线圈表面有一处轴向损伤凹痕

（4）线圈层间绝缘为薄膜，薄膜烧黑融化与导线固化黏结成一体（图 4－33），导线表面绝缘膜损坏脱落（图 4－34）。

2. 解体检查 B 相无异常电压互感器

（1）二次线圈引线绝缘层开裂，如图 4－35 所示。

（2）一次线圈外绝缘为类似保鲜薄的薄膜（图 4－36），层间绝缘为电缆纸（图 4－37）。

（3）二次线圈外径较 A 相二次线圈外径偏大，且与一次装配无加撑，二次线圈外层绝缘为类似保鲜膜的薄膜，层间绝缘为电缆纸，如图 4－38 所示。

图 4-33 一次线圈层间薄膜烧黑融化与导线固化粘结成一体

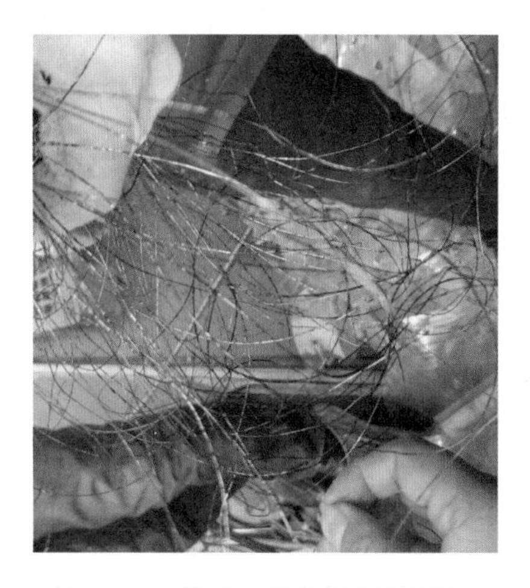

图 4-34 导线表面绝缘膜损坏脱落

图 4-35 二次线圈引线绝缘层开裂

图 4-36 一次线圈外绝缘为类似保鲜膜的薄膜

图4-37　层间绝缘为电缆纸

图4-38　A、B相产品二次线圈绝缘不一致

3. 结论

（1）从电压互感器电磁单元一次线圈表面外力损伤痕迹及线圈烧蚀情况判断，最外层线圈受外力损伤后导线表面绝缘受损，绝缘强度下降，但仍能承受正常的运行电压，随着时间推移，导线绝缘层逐渐老化，绝缘强度进一步降低，加之电力系统的操作过电压作用，使此处受损导线匝间发生短路，匝间短路产生的能量将层间薄膜烧损融化，层间绝缘降低后引发导线层间短路，层间短路一步步由一次线圈外层到里层，直至中压直接对地短路。使二次线圈无电磁感应电压。

（2）二次线圈引线外绝缘层耐变压器油性能差，绝缘层开裂，金属导线外露，且二次引线用扎带扎在一起，极易发生二次线圈短路异常，导致二次线圈烧毁故障。

（3）A相异常产品与B相无异常产品的一次、二次外绝缘及层间绝缘差异很大，同一批产品使用不同的绝缘材料，且线圈绕制尺寸不一，同一物件四角固定螺栓口径大小不一，工艺一致性很差。

综合以上分析，A相电压互感器故障，是由于该电压互感器一次线圈外层导线绝缘受损，并随着时间推移绝缘进一步老化，导致绝缘进一步降低，引起匝间短路，匝间短路产生的能量将层间薄膜烧损融化，层间绝缘降低后引发导线层间短路，层间短路一步步由一次线圈外层到里层，直至中压直接对地短路，使二次线圈无电磁感应电压。

高压试验、油色谱分析报告见表4-1～表4-3。

表4-1　　高压试验

设备名称	220kV正母压变A	试验日期	2008年6月4日	2015年6月26日	2017年12月26日
型　号		试验性质	交接	预试	诊断性试验
$C_{总}$	TYD220/$\sqrt{3}$-0.01H	环境温度/℃	30	30	6
C_{11}	$OWF_2$110/$\sqrt{3}$-0.02H	环境湿度/%	65	50	77
C_{12}	$OWF_1$110/$\sqrt{3}$-0.02H	绝缘电阻/MΩ			
电压比	220/$\sqrt{3}$/0.1/$\sqrt{3}$/0.1/$\sqrt{3}$/0.1	C_{11}	20000	50000+	50000+

续表

<table>
<tr><td>生产厂家</td><td>湖南湘能电容器有限公司</td><td colspan="2">$C_{下}$</td><td>—</td><td>50000＋</td><td>50000＋</td></tr>
<tr><td>生产日期</td><td>2008 年 4 月</td><td colspan="2">末屏</td><td>20000</td><td>2500＋</td><td>2500＋</td></tr>
<tr><td colspan="2">出厂编号</td><td colspan="2">试验设备</td><td></td><td>SI－5001</td><td>SI－552</td></tr>
<tr><td>$C_{总}$</td><td>803146</td><td colspan="2">设备编号</td><td></td><td>1 号</td><td>1 号</td></tr>
<tr><td>C_{11}</td><td>803146</td><td colspan="5" rowspan="2">tanδ/%和 C_x/pF</td></tr>
<tr><td>C_{12}</td><td>803143</td></tr>
<tr><td colspan="2" rowspan="27">二次线圈直流电阻： 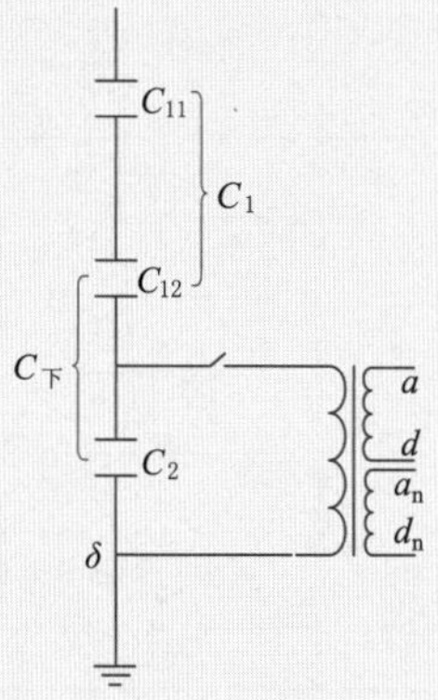</td><td rowspan="4">C_{11}</td><td>tanδ/%</td><td>0.07</td><td>0.082</td><td>0.117</td></tr>
<tr><td>C_x</td><td>20030</td><td>20120</td><td>20150</td></tr>
<tr><td>C_n</td><td>20130</td><td>20130</td><td>20130</td></tr>
<tr><td>Δ/%</td><td>－0.50</td><td>－0.5</td><td>0.1</td></tr>
<tr><td rowspan="4">C_{12}</td><td>tanδ/%</td><td>0.063</td><td>—</td><td>0.017</td></tr>
<tr><td>C_x</td><td>29670</td><td>—</td><td>29790</td></tr>
<tr><td>C_n</td><td>29670</td><td>—</td><td>29670</td></tr>
<tr><td>Δ/%</td><td>0.00</td><td>—</td><td>0.4</td></tr>
<tr><td rowspan="4">C_2</td><td>tanδ/%</td><td>0.055</td><td>—</td><td>0.076</td></tr>
<tr><td>C_x</td><td>64670</td><td>—</td><td>64750</td></tr>
<tr><td>C_n</td><td>64580</td><td>—</td><td>64580</td></tr>
<tr><td>Δ/%</td><td>0.14</td><td>—</td><td>0.26</td></tr>
<tr><td rowspan="4">$C_{下}$</td><td>tanδ/%</td><td>—</td><td>0.06</td><td>0.152</td></tr>
<tr><td>C_x</td><td>20230</td><td>20240</td><td>20250</td></tr>
<tr><td>C_n</td><td>20320</td><td>20320</td><td>20320</td></tr>
<tr><td>Δ/%</td><td>－0.44</td><td>－0.4</td><td>－0.34</td></tr>
<tr><td rowspan="3">$C_{总}$</td><td>C_x</td><td>—</td><td>10089.9</td><td>10099.9</td></tr>
<tr><td>C_n</td><td>—</td><td>—</td><td>10112.3</td></tr>
<tr><td>Δ/%</td><td>—</td><td>—</td><td>－0.12</td></tr>
<tr><td colspan="2">试验设备</td><td></td><td>AI－6000F</td><td>AI－6000F</td></tr>
<tr><td colspan="2">设备编号</td><td></td><td>1 号</td><td>1 号</td></tr>
<tr><td colspan="2">结论</td><td>合格</td><td>合格</td><td>合格</td></tr>
<tr><td colspan="2">备注</td><td></td><td></td><td></td></tr>
<tr><td colspan="2">审核</td><td></td><td></td><td></td></tr>
<tr><td colspan="2">校对</td><td></td><td></td><td></td></tr>
<tr><td colspan="2" rowspan="2">试验人员</td><td></td><td></td><td></td></tr>
<tr><td></td><td></td><td></td></tr>
</table>

表 4 - 2　　二次绕组直流电阻合格　　单位：mΩ

测量线圈编号	A 相	B 相	测量线圈编号	A 相	B 相
a1x1	22.73	24.85	dadx	51.44	50.84
a2x2	28.69	28.46			

表 4 - 3　　油 色 谱 分 析　　单位：μL/L

单位	江湾变	江湾变	江湾变
设备名称	220kV 正母压变	220kV 正母压变	220kV 正母压变
相别	A	B	C
取样日期	2017 年 12 月 27 日	2017 年 12 月 27 日	2017 年 12 月 27 日
分析日期	2017 年 12 月 27 日	2017 年 12 月 27 日	2017 年 12 月 27 日
CH_4	461.64	100.27	77.31
C_2H_4	1846.17	4.24	2.83
C_2H_6	170.55	61.27	38.12
C_2H_2	10.96	2.76	1.22
H_2	246.31	244.31	308.71
CO	5166.77	477.45	316.15
CO_2	57248.22	1717.23	851.18
总烃	2489.32	167.54	119.48
分析意见	总烃、C_2H_2、H_2 含量超过注意值，三比值编码：022，故障性质：高温过热（高于 700℃）	总烃、H_2 含量超过注意值	总烃、H_2 含量超过注意值

4.2.4.2　线路压变电容变化量超标

试验人员在××变电站年检过程中发现，110kV 压变试验数据异常，电容量变化率及整组介质损耗超过规程规定。

线路压变介质损耗电容量测试结果见表 4 - 4 和表 4 - 5。

表 4 - 4　　整　组　测 $C_{总}$

$\tan\delta$/%	C_x/pF	C_n/pF	Δ/%	结论
0.448	10460	10170	2.85	不合格

表 4 - 5　　自 激 法 测 试 结 果

C_1	$\tan\delta_1$/%	C_{1x}/pF	C_{1n}/pF	Δ/%	结论
	0.537	12580	12220	2.95	不合格
C_2	$\tan\delta_2$/%	C_{2x}/pF	C_{2n}/pF	Δ/%	结论
	0.064	67930	63600	6.81	不合格

从测试结果来看，该压变整组电容量变化量超过 2%，介质损耗也大于 0.25%，且 C_1 和 C_2 的电容量也超过 2%。

根据 $C=\varepsilon S/d$，可以判定为压变内部介质的介电常数 ε 较正常值增大，说明：①压变内部介质可能已经发生了老化或受潮；②可能是电容层间的距离 d 变小。

从介质损耗角度出发考虑，其等值电路如图 4－39 所示。

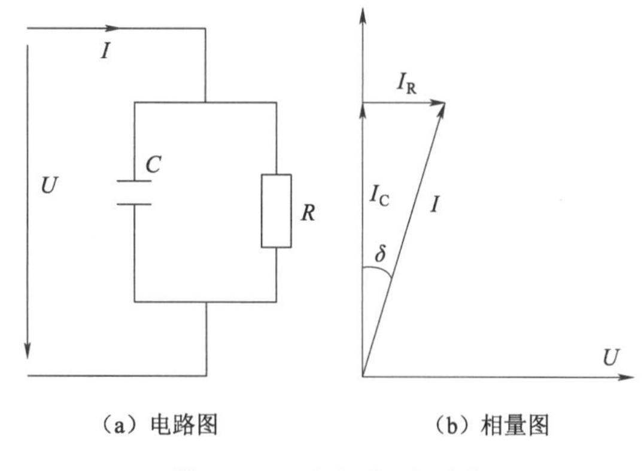

图 4－39 电介质等值电路

由等效电路可以很容易看出 $\tan\delta = 1/\omega CR$，在测得的电容 C 增大的基础上，$\tan\delta$ 如果也相应增大，那么绝缘电阻 R 则减小，且其变化率要大于电容量 C 的变化率。这种情况在内部油老化或者受潮时会发生。

通过以上分析，再进一步分析测试结果，分以下两种情况：

(1) 内部电容层间无短路现象，则 C_2 的介质损耗在合格的范围之内，可以初步排除介质老化的可能性（老化为整体性的，不应该存在上节介质老化、下节介质正常的情况）；进一步假设压变内部介质发生受潮，由于水密度大于绝缘油，水分子聚集在压变底部，由于水的介电常数（80）大于绝缘油的介电常数（2.3），理论上会造成 C_2 的电容变化率大于 C_1，但考虑水分子带来的电导效应大于介电效应，理论上 C_2 的 $\tan\delta$ 应大于 C_1 的 $\tan\delta$，这与实际测得的结果违背，加之广福变为室内变，受潮可能性相对较低，因此可以初步认为电容层有短路现象。

(2) 内部电容层间有短路现象，则，压变内部介质发生整体老化或受潮（广福变为室内变，受潮可能性低），导致 C_1 和 C_2 的介质损耗和电容量发生增大变化，在这种情况下，如果 C_2 发生电容层间的短路，则 C_2 的电容量变化率将超过 C_1 的变化率，并可能由此引起 C_2 的介质损耗值处于正常值状态。

为验证上述分析，对该压变进一步展开了油化试验（图 4－40），取油过程发现取油口有气体放出，且油样偏黄，初步判断内部油已经老化，且可能经受过放电或过热，导致气体产生。

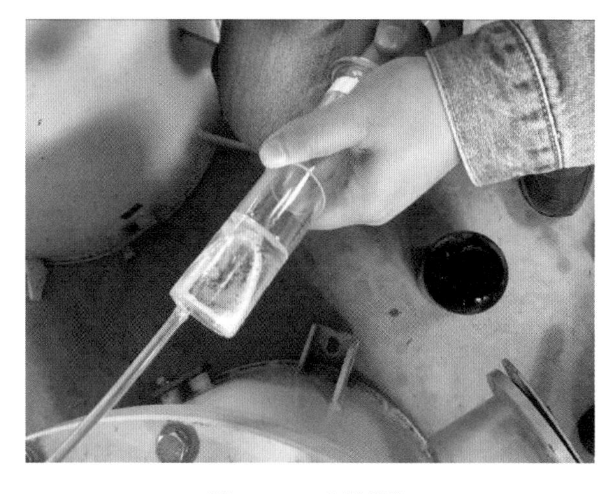

图 4－40 油样提取

对取回的油样进行分析，结果见表4-6。

表4-6　　油样分析结果

<table>
<tr><td>油耐压试验</td><td>合格</td></tr>
<tr><td>油相对介质损耗</td><td>tanδ=1.25%；相对偏大</td></tr>
<tr><td>油中微水</td><td>合格</td></tr>
<tr><td>油中溶解气体</td><td>
绝缘油色谱分析报告
编号：　　含量单位：μL/L
<table>
<tr><td>单位</td><td></td></tr>
<tr><td>设备名称</td><td>××线路压变</td></tr>
<tr><td>相别</td><td></td></tr>
<tr><td>取样日期</td><td>2017年3月10日</td></tr>
<tr><td>分析日期</td><td>2017年3月10日</td></tr>
<tr><td>CH_4</td><td>91.96</td></tr>
<tr><td>C_2H_4</td><td>5.10</td></tr>
<tr><td>C_2H_6</td><td>6.26</td></tr>
<tr><td>C_2H_2</td><td>0.10</td></tr>
<tr><td>H_2</td><td>84.98</td></tr>
<tr><td>CO</td><td>314.28</td></tr>
<tr><td>CO_2</td><td>4128.86</td></tr>
<tr><td>总烃</td><td>103.42</td></tr>
<tr><td>分析意见</td><td>总烃含量超过注意值！三比值编码：020，
故障性质：低温过热（150～300℃）</td></tr>
</table>
</td></tr>
</table>

根据表4-6可以判定：C_2发生电容层间的短路（导致过热），压变内部介质发生老化（油介质损耗变大）。

对该线路压变进行了更换，更换后的压变各项交接试验合格。

可进一步采取以下措施：

（1）由于压变为容性设备，其绝缘电阻值本身就很大，即使发生老化或者进水，测出的绝缘电阻值还是符合规程的，且根据现有的绝缘电阻测试仪不一定能测出其变化情况，因此在碰到此类事件时，可以结合油化试验进行分析。

（2）碰到此类事件，因首先排除自身试验仪器干扰，在确定仪器无问题后，进行进一步分析。从上述分析来看，电容量发生较大变化时需要引起足够重视。

（3）有条件的情况下，可以对换下的压变进行解体分析，进一步提升检修人员的理论分析水平。

第5章

无功及过电压设备检修

5.1 并联电容器检修

5.1.1 专业巡视要点

5.1.1.1 电容器单元巡视

（1）瓷套管表面清洁，无裂纹、闪络放电和破损。

（2）电容器单元无渗漏油、鼓肚、过热，外壳油漆完好，无锈蚀。

5.1.1.2 外熔断器本体巡视

（1）熔丝无熔断，排列整齐，与熔管无接触。

（2）搭接螺栓无松动和明显发热。

（3）安装角度、弹簧拉紧位置应符合制造厂的产品说明。

5.1.1.3 避雷器巡视

（1）外绝缘无放电痕迹。

（2）外观清洁，无变形破损，接线正确，接触良好。

（3）计数器或在线检测装置观察孔清晰，指示正常。

（4）接地装置接地部分完好。

5.1.1.4 电抗器巡视

（1）支柱瓷瓶完好，无放电痕迹。

（2）无过热、无异常声响。

（3）接地装置接地部分完好。

（4）干式电抗器表面无裂纹、变形，外部绝缘漆完好。

（5）油浸式电抗器温度指示正常，油位正常、无渗漏。

5.1.1.5　放电线圈巡视

（1）表面清洁，无闪络放电和破损。

（2）油位正常，无渗漏。

5.1.1.6　其他部件巡视

（1）各连接部件固定牢固，螺栓无松动。

（2）支架、基座等铁质部件无锈蚀。

（3）瓷瓶完好，无放电痕迹。

（4）母线平整无弯曲，相序标示清晰可识别。

（5）构架应可靠接地且有接地标识。

（6）电容器之间的软连接导线无熔断或过热。

（7）充油式互感器油位正常，无渗漏。

5.1.1.7　集合式电容器巡视

（1）呼吸器玻璃罩杯油封完好，受潮硅胶不超过2/3。

（2）储油柜油位指示应正常，油位清晰可见。

（3）油箱外观无锈蚀、无渗漏。

（4）充气式设备应检查气体压力指示正常。

5.1.2　检修关键工艺质量控制要求

5.1.2.1　电容器组整组更换关键工艺质量控制

（1）应按照厂家规定程序进行拆装。

（2）清洁瓷套外观，无破损。

（3）吊装时应使用合适的吊带逐个拆装电容器组内部元器件。

（4）空心电抗器周边墙体的金属结构件及地下接地体均不得呈金属闭合环路状态。

（5）紧固各电容器组框架连接部件，使其螺栓无松动。

（6）对支架、基座等铁质部件进行除锈防腐处理。

（7）电容器组框架应双接地且接地可靠。

（8）电容器铭牌、编号在通道侧。

（9）按要求处理电气接触面，并按厂家力矩要求紧固电容器组连接线，使其接触良好。

（10）支柱绝缘子铸铁法兰无裂纹，胶接处胶合良好，无开裂。

（11）电容器组母排及分支线应标以相色，焊接部位涂防锈漆及面漆。

（12）电容器组内设备清洁完好，无任何遗留物。

（13）接线板表面无氧化、划痕、脏污，接触良好。

（14）电容器组构架应保持其应有的水平及垂直位置，固定应可靠。

（15）凡不与地绝缘的每个电容器外壳及电容器的构架均应可靠接地，凡与地绝缘的电容器外壳均应接到固定的电位上。

（16）集合式电容器接线端子与母线应使用软连接过渡。

5.1.2.2 电容器组检修

1. 电容器单元更换关键工艺质量控制

(1) 按照厂家规定程序进行拆除、吊装。

(2) 瓷套管表面应清洁，无裂纹、破损和闪络放电痕迹。

(3) 芯棒应无弯曲和滑扣，铜螺丝螺母垫圈应齐全。

(4) 无变形、锈蚀、裂缝、渗油。

(5) 铭牌、编号在通道侧，顺序符合设计要求。

(6) 各导电接触面符合要求，安装紧固有防松措施。

(7) 外壳接地端子可靠接地。

(8) 引线与端子间连接应使用专用压线夹，电容器之间的连接线应采用软连接。

2. 外熔断器更换关键工艺质量控制

(1) 规格应符合设备要求。

(2) 熔丝无断裂、虚接，无明显锈蚀，熔丝与熔管无接触。

(3) 与水平方向呈45°角，弹簧指示牌与水平方向垂直。

(4) 芯棒应无弯曲和滑扣，铜螺丝螺母垫圈应齐全。

3. 放电线圈更换关键工艺质量控制

(1) 套管表面应清洁，无裂纹、破损。

(2) 充油式放电线圈油位应正常，无渗漏。

(3) 本体无破损、生锈。

(4) 更换放电线圈时，应对二次接线做好标示，并正确恢复。

4. 避雷器更换关键工艺质量控制

(1) 外绝缘表面应清洁，无裂纹、破损。

(2) 避雷器接线端子螺栓应紧固。

(3) 放电计数器应密封良好，并应按产品的说明书连接，放电计数器宜统一恢复到零位。

(4) 接地装置应可靠接地。

5. 集合式电容器更换关键工艺质量控制

(1) 按照厂家规定程序进行拆除、吊装。

(2) 集合式电容器外观无变形、锈蚀、渗油，瓷套管表面应清洁，无裂纹、破损。

(3) 按要求处理各导电接触面，安装紧固，并有防松措施。

(4) 外壳应可靠接地。

(5) 呼吸器硅胶装至顶部1/6～1/5处，油杯油位符合要求。

(6) 充油集合式电容器储油柜油位指示应正常，油位计内部无油垢，油位清晰可见，储油柜外观应良好，无渗漏油。

(7) 充气集合式电容器气体压力应符合厂家规定，气体微水含量不大于250μL/L。

6. 例行检查关键工艺质量控制

(1) 高压设备套管无裂纹、破损，无闪络放电痕迹。

(2) 电容器无渗漏油、鼓肚。

（3）各部件油漆完好，无锈蚀。

（4）各电气连接部位接触良好，无过热。

（5）充油集合式电容器罩杯油封应完好，硅胶不应自上而下变色，储油柜油位指示应正常，油位计内部无油垢，油位清晰可见。

（6）对已运行的非全密封放电线圈进行检查，发现受潮应及时更换。

（7）充油式互感器油位正常，无渗漏。

（8）对所有绝缘部件进行清扫。

5.1.3　典型问题及整改措施

【问题描述】外壳锈蚀，如图5-1所示。

【违反条款】电容器单元无渗漏油、鼓肚、过热，外壳油漆完好，无锈蚀。

【整改措施】结合停电计划防腐处理，如图5-2所示。

图5-1　外壳锈蚀

图5-2　外壳无锈蚀

5.1.4　典型故障案例

现场发现××变电站旧熔丝管为同质材料，新熔丝管为铝质材料，并且熔丝管底座连接片厚度相差1倍（新连接片1.5mm，旧连接片3mm），现场在紧固的时候，稍微用力不当，熔丝管底座连接片就会变形，紧固螺栓容易滑牙。

同时，电容器组安装存在隐患，如图5-3所示，每相构架底部有4个支持瓷瓶，构架高度约3.5m，重约1t，工作人员在构架上工作时，构架明显晃动，对支持瓷瓶产生横向扭力，一旦其中1只瓷瓶断裂，整个构架必然倾倒。

处理建议如下：

（1）目前备品备件质量下降是个共性问题，有关部门应引起重视。

（2）可以考虑对构架底部由支持瓷瓶进行改造，增加为6只，并安排瓷瓶探伤，检查瓷瓶完好性。

（3）构架工作尽量减少工作人员，减轻承重及晃动。

图 5-3 构架明显晃动

5.2 干式电抗器检修

5.2.1 专业巡视要点

5.2.1.1 本体巡视

（1）本体表面应清洁，油漆完好，无锈蚀，电抗器紧固件无松动。

（2）电抗器表面涂层应无破损、脱落或龟裂。

（3）包封表面无爬电痕迹。

（4）运行中无异常噪声、振动情况。

（5）无局部异常过热。

（6）通风道无堵塞，器身清洁无尘土、异物，无流胶、裂纹。

（7）户外电抗器表面憎水性能良好，无浸润。

（8）电抗器包封与支架间紧固带无松动、断裂。

（9）干式空心电抗器支撑条无明显下坠或上移情况。

5.2.1.2 支柱绝缘子巡视

（1）外观清洁，无异物和破损。

（2）瓷瓶无放电痕迹。

5.2.1.3 防雨罩、防鸟罩巡视

外观清洁，无异物、破损、倾斜。

5.2.1.4 线夹及引线巡视

（1）抱箍、线夹应无裂纹和过热。

（2）引线无散股、扭曲、断股。

5.2.1.5　支架及接地巡视

（1）基础支架螺栓紧固无松动或明显锈蚀。

（2）基础支架无倾斜和开裂。

（3）接地可靠，无松动及明显锈蚀、过热变色等。

5.2.2　检修关键工艺质量控制要求

5.2.2.1　整体更换关键工艺质量控制

（1）吊装应按照厂家规定程序进行，使用合适的吊带进行吊装。

（2）瓷套外观应清洁无破损。

（3）设备内外表面清洁完好，无任何遗留物。

（4）电抗器金具完好无裂纹，螺栓紧固，接触良好。

（5）一次引线应无散股、扭曲、断股。

（6）支柱绝缘子表面清洁，无破损和裂纹。

（7）支柱绝缘子铸铁法兰无裂纹，胶接处胶合良好。

（8）对支架、基座等铁质部件进行除锈防腐处理。

（9）电抗器垂直安装时，各相中心线应一致。

（10）电抗器的支柱绝缘子接地，并应符合下列要求：

1）上、下重叠安装时，底层的所有支柱绝缘子均应接地，其余的支柱绝缘子不接地。

2）每相单独安装时，各相支柱绝缘子均应接地。

3）支柱绝缘子的接地不应构成闭合环路。

（11）电抗器应注明相色标示。

5.2.2.2　元件检修关键工艺质量控制

1. 防雨罩、防鸟罩检修

（1）表面应清洁，无锈蚀。

（2）外观完好无破损，内外无异物。

（3）安装牢固，无松动。

2. 铁芯检修

（1）工作前应将间隔组内各高压设备充分放电。

（2）按厂家规定正确吊装设备。

3. 线圈检修

（1）电抗器表面应无涂层脱落和局部变色。

（2）电抗器表面应无树枝状爬电痕迹。

（3）包封与汇流排应连接可靠，无过热。

（4）内外表面无异物，无漏雨现象。

5.2.2.3　例行检查关键工艺质量控制

（1）各导电接触面紧固。

（2）电抗器表面涂层应无破损、脱落和龟裂。

（3）本体外壳油漆完好，无锈蚀。

(4) 包封表面无爬电痕迹。

(5) 通风道无杂物。

(6) 户外电抗器表面无浸润。

(7) 电抗器包封与支架间紧固带无松动和断裂。

(8) 干式空心电抗器支撑条无明显下坠或上移情况。

(9) 电抗器防雨罩应水平，无倾斜。

5.3 消弧线圈检修

5.3.1 专业巡视要点

5.3.1.1 干式消弧线圈本体巡视

(1) 设备外观应完好，无锈蚀和掉漆。

(2) 底座、构架应支撑牢固，无倾斜和变形。

(3) 环氧树脂表面及端部应光滑平整，无裂纹和损伤变形。

(4) 一次、二次引线接触良好，接头处无过热和变色，热缩包扎无变形。

(5) 铁芯应有且只有一点接地，接触良好。

(6) 接地引下线应完好，无严重锈蚀和断股。

5.3.1.2 油浸式消弧线圈本体巡视

(1) 设备外观应完好，无锈蚀或掉漆。

(2) 底座、构架应支撑牢固，无倾斜或变形。

(3) 套管表面清洁，无裂纹、损伤或爬电、烧灼痕迹。

(4) 一次、二次引线接触良好，接头处无过热和变色，热缩包扎无变形。

(5) 各部位密封应良好，无渗漏油。

(6) 铁芯应有且只有一点接地，接触良好。

(7) 储油柜油位应正确，油位计内部无凝露。

(8) 呼吸器（吸湿器）应呼吸通畅，硅胶受潮变色不超过 2/3，油杯油面在规定位置。

(9) 气体继电器内无气体。

(10) 温度计座应密封良好，温度指示正常，观察窗内无凝露。

(11) 接地引下线应完好，无严重锈蚀和断股。

5.3.1.3 干式接地变压器本体巡视

(1) 设备外观应完好，无锈蚀和掉漆。

(2) 底座、构架应支撑牢固，无倾斜和变形。

(3) 环氧树脂表面及端部应光滑、平整，无裂纹和损伤变形。

(4) 一次、二次引线接触良好，接头处无过热和变色，热缩包扎无变形。

(5) 铁芯应有且只有一点接地，接触良好。

（6）接地引下线应完好，无严重锈蚀和断股。

（7）配有温度计和冷却风扇时，温度计指示正确，无凝露，冷却风扇可正常启动、停止。

5.3.1.4　油浸式接地变压器本体巡视

（1）设备外观应完好，无锈蚀和掉漆。

（2）底座、构架应支撑牢固，无倾斜和变形。

（3）套管表面清洁，无裂纹、损伤、爬电和烧灼痕迹。

（4）一次、二次引线接触良好，接头处无过热和变色，热缩包扎无变形。

（5）铁芯应有且只有一点接地，接触良好。

（6）各部位密封应良好，无渗漏油。

（7）储油柜油位应正确，油位计内部无凝露。

（8）呼吸器（吸湿器）应呼吸通畅，硅胶受潮变色不超过2/3，油杯油面在规定位置。

（9）气体继电器内无气体。

（10）温度计座应密封良好，温度指示正常，观察窗内无凝露。

（11）接地引下线应完好，无严重锈蚀和断股。

5.3.1.5　调匝式分接开关巡视

（1）设备外观应完好，无锈蚀和掉漆。

（2）底座、构架应支撑牢固，无倾斜和变形。

（3）应能正常升、降档，无有载拒动、相序保护动作告警等异常信号。

（4）升、降档过程中，传动机构应操作灵活，无卡涩和异响。

（5）现场有载分接开关档位指示应与消弧线圈控制屏、综自监控系统上的挡位指示一致。

5.3.1.6　电容器巡视

（1）设备外观应完好，无锈蚀和掉漆。

（2）底座、构架应支撑牢固，无倾斜和变形。

（3）一次引线接触良好，接头处无过热和变色，热缩包扎无变形。

（4）调容与相控式装置内的电容器外壳无鼓肚、膨胀变形、渗漏油，无异常发热。

5.3.1.7　电压互感器巡视

（1）设备外观应完好，绝缘件表面清洁，无裂纹、损伤和爬电、烧灼痕迹，底座、构架应支撑牢固，无倾斜或变形。

（2）一次、二次引线接触良好，接头处无过热、变色，热缩包扎无变形。

5.3.1.8　电流互感器巡视

（1）设备外观应完好，绝缘件表面清洁，无裂纹、损伤或爬电、烧灼痕迹，底座、构架应支撑牢固，无倾斜和变形。

（2）一次、二次引线接触良好，接头处无过热和变色，热缩包扎无变形。

5.3.1.9　阻尼电阻及其组件巡视

（1）设备外观应完好，无锈蚀和掉漆。

（2）底座、构架应支撑牢固，无倾斜和变形。

（3）一次引线接触良好，阻尼电阻无发热、鼓包和烧伤。

5.3.1.10 并联电阻及其组件巡视

（1）设备外观应完好，无锈蚀和掉漆。

（2）底座、构架应支撑牢固，无倾斜和变形。

（3）一次引线接触良好，并联电阻无发热、鼓包和烧伤。

5.3.2 检修关键工艺质量控制要求

5.3.2.1 干式消弧线圈本体检修

1. 整体更换关键工艺质量控制

（1）消弧线圈外观应完好，无锈蚀或掉漆。绝缘支撑件清洁，无裂纹和损伤。环氧树脂表面及端部应光滑平整，无裂纹或损伤变形。

（2）安装底座应水平，构架及夹件应固定牢固，无倾斜和变形。

（3）一次、二次引线和母排应接触良好，单螺栓固定时需配备双螺母（防松螺母）。

（4）铁芯应有且只有一点接地，接触良好。

（5）接地点应有明显的接地符号标志，明敷接地线的表面应涂以15～100mm宽度相等的绿色和黄色相间的条纹。接地线采用扁钢时，应经热镀锌防腐。使用多股软铜线的接地线，接头处应具备完好的防腐处理（热缩包扎）。

2. 绝缘支撑件检修关键工艺质量控制

（1）绝缘支撑件外观应完好，无裂纹和损伤，各部件密封良好。用手按压硅橡胶套管伞裙表面无龟裂。

（2）拆除一次引线接头，引线线夹应无开裂和发热。烧伤深度超过1mm的应更换。

（3）绝缘支撑件固定螺栓应对角、循环紧固。

5.3.2.2 油浸式消弧线圈本体检修

1. 整体更换关键工艺质量控制

（1）消弧线圈外观应完好，无锈蚀、掉漆。套管清洁，无裂纹和损伤。各部位密封件完好无缺失，无渗漏油。

（2）安装底座应水平，构架及夹件应固定牢固，无倾斜或变形。

（3）一次、二次引线和母排应接触良好，单螺栓固定时需配备双螺母（防松螺母）。

（4）阀门、取油口、排气口开闭应灵活。

（5）储油柜油位应正确，油位计内部无凝露。

（6）温度计座应密封良好，温度指示正常，观察窗内无凝露。

（7）呼吸器（吸湿器）应呼吸通畅，硅胶应无受潮变色和破碎，更换硅胶距顶盖下方应留出1/6～1/5高度的空隙。油杯应清洁，油面在规定位置。

（8）铁芯、夹件应有且只有一点接地，接触良好。

（9）接地点应有明显的接地符号标志，明敷接地线的表面应涂以15～100mm宽度相等的绿色和黄色相间的条纹。接地线采用扁钢时，应经热镀锌防腐。使用多股软铜线的接地线，接头处应具备完好的防腐处理（热缩包扎）。

2. 器身吊罩（吊芯）检修关键工艺质量控制

（1）检修工作应选在无大风扬沙的天气时进行，应在空气相对湿度不超过75%的气候条件下进行。

（2）大修时器身暴露在空气中的时间（器身暴露时间是从消弧线圈放油时起，至开始抽真空或注油时为止）应不超过如下规定：空气相对湿度不超过65%为16h；空气相对湿度不超过75%为12h。

（3）起吊前，器身温度应不低于周围环境温度，否则应采取对器身加热的措施，如采用真空滤油机循环加热，应使器身温度高于周围空气温度5℃以上。

（4）绕组应清洁，无倾斜、位移，导线辐向无明显弹出。

（5）围屏、隔板应完整并固定牢固，垫块无松动情况。

（6）引线绝缘包扎应完好，长短应适宜，无变形、扭曲和应力集中。

（7）引线夹持固定部位应加垫附加绝缘。

（8）铁芯应平整、清洁，油道应畅通，铁芯组件、夹件、穿芯螺栓、钢拉带绝缘良好。

（9）油箱表面应清洁，无锈蚀和渗漏。

3. 套管更换关键工艺质量控制

（1）套管更换工作宜选在天气良好时进行，现场作业环境应满足要求，温度不低于5℃，并具有防尘防雨措施。

（2）新套管外观应完好，无裂纹和损伤，各部件密封良好，油位正常。

（3）更换套管所有密封件，应采用尺寸符合要求的耐油密封垫圈。

（4）拆除旧套管前，应关闭储油柜与油箱之间的连接阀门，排油至油面低于套管安装法兰水平位置200mm以下。

（5）起吊过程应使用专用吊具并选择正确的吊点，保证套管倾斜度和安装角度一致。

（6）旧套管吊出时，应待吊索轻微受力以后，方可松开安装法兰螺栓。新套管安装时相反。

（7）安装法兰螺栓应对角、循环紧固，法兰密封垫圈压缩1/3为宜（胶棒压缩1/2），密封良好，无渗漏。

（8）对于穿缆式套管，应使用专用带环螺栓拧在引线头上进行牵引，穿入新套管时应控制速度。

（9）新套管油位应朝向便于运维巡视观察的方向，油位应正常。垂直安装的套管，油位宜在1/2以上；倾斜安装的套管，油位宜在2/3以上。

（10）更换后应静置，反复排气，确保消弧线圈本体内无气体。

4. 储油柜更换关键工艺质量控制

（1）更换储油柜工作宜选在天气良好时进行，现场作业环境应满足要求，温度不低于5℃，并具有防尘防雨措施。

（2）新储油柜外观应完好，无裂纹和损伤，各部件密封良好。

（3）应用合格的变压器油清洗新储油柜。

（4）旧储油柜起吊前，应先排油，再拆除其与消弧线圈本体之间的所有连接。

(5) 新储油柜应固定牢固，储油柜与消弧线圈本体之间的接地线应恢复。

(6) 注油前应拧开储油柜放气塞，再从储油柜注油口向内注油，或直接打开储油柜顶部排气口向内注油，调整油位至正确位置。

(7) 注油过程应保持匀速，严禁从油浸式消弧线圈底部向内注油。

(8) 注油完毕，应关闭各阀门、取油口、排气口。检查各部位密封良好，无渗漏油。

(9) 更换后应静置，反复排气，确保消弧线圈本体内无气体。

5. 储油柜补油关键工艺质量控制

(1) 补油工作宜选在天气良好时进行，现场作业环境应满足要求，温度不低于5℃，并具有防尘防雨措施。

(2) 注油前应拧开储油柜放气塞，再从储油柜注油管向内注油，或直接打开储油柜顶部排气口向内注油，调整油位至正确位置。

(3) 注油过程应保持匀速，严禁从油浸式消弧线圈底部向内注油。

(4) 注油完毕，应关闭各阀门、取油口、排气口。检查各部位密封良好，无渗漏油。

(5) 补油后应静置，反复排气，确保消弧线圈本体内无气体。

6. 呼吸器（吸湿器）检修关键工艺质量控制

(1) 呼吸器（吸湿器）外观应完好，玻璃罩无裂纹和损伤，密封件完好无缺失，运输过程中的密封垫块、保护罩应取出。

(2) 硅胶应无受潮变色或破碎，更换硅胶距顶盖下方应留出1/6～1/5高度的空隙。

(3) 油杯应清洁，油面在规定位置。旋转安装式油杯不宜旋得过紧。

(4) 检查呼吸器呼吸通畅，与储油柜间的连接管应密封良好。

7. 气体继电器检修关键工艺质量控制

(1) 更换气体继电器工作宜选在天气良好时进行。

(2) 新气体继电器器身应完整，无锈蚀。

(3) 安装前，应用合格的变压器油清洗气体继电器。

(4) 绑扎浮球与挡板的固定绳应取下。

(5) 气体继电器上箭头应指向储油柜。连管朝向储油柜方向应有不小于1.5%的升高。

(6) 户外安装的气体继电器应配有防雨罩。

(7) 二次电缆孔洞应封堵，电缆保护管进线处应设置有滴水弯。

(8) 更换后应静置，反复排气，确保消弧线圈本体内无气体。

8. 压力释放阀检修关键工艺质量控制

(1) 更换压力释放阀工作宜选在天气良好时进行。

(2) 新压力释放阀器身应完整，无锈蚀。

(3) 压力释放阀固定螺栓应对角、循环紧固，密封良好无渗漏。

(4) 户外安装的压力释放阀应配有防雨罩。

(5) 二次电缆孔洞应封堵，电缆保护管进线处应设置有滴水弯。

(6) 微动开关动作方向应正确，拨动微动开关，压力释放信号应可靠动作。

(7) 更换后应静置，反复排气，确保消弧线圈本体内无气体。

9. 阀门检修关键工艺质量控制

（1）阀门应转动灵活，开闭指示标志应清晰、正确，无渗漏。

（2）更换阀门时，应更换密封件，密封件应入槽，无渗漏。

（3）对渗漏点进行补焊处理时要求焊点准确，焊接牢固。

（4）更换后应静置，反复排气，确保消弧线圈本体内无气体。

5.3.2.3 干式接地变压器检修

1. 整体更换关键工艺质量控制

（1）接地变外观应完好，无锈蚀和掉漆；绝缘支撑件清洁，无裂纹和损伤，环氧树脂表面及端部应光滑平整，无裂纹和损伤变形。

（2）安装底座应水平，构架及夹件应固定牢固，无倾斜和变形。

（3）一次、二次引线和母排应接触良好，单螺栓固定时需配备双螺母（防松螺母）。

（4）铁芯应有且只有一点接地，接触良好。

（5）接地点应有明显的接地符号标志，明敷接地线的表面应涂以15～100mm宽度相等的绿色和黄色相间的条纹。接地线采用扁钢时，应经热镀锌防腐，使用多股软铜线的接地线，接头处应具备完好的防腐处理（热缩包扎）。

2. 绝缘支撑件检修关键工艺质量控制

（1）绝缘支撑件外观应完好，无裂纹和损伤，各部件密封良好。用手按压硅橡胶套管伞裙表面无龟裂。

（2）拆除一次引线接头，引线线夹应无开裂和发热。烧伤深度超过1mm的应更换。

（3）绝缘支撑件固定螺栓应对角、循环紧固。

5.3.2.4 油浸式接地变压器检修

1. 整体更换关键工艺质量控制

（1）接地变压器外观应完好，无锈蚀和掉漆。套管清洁，无裂纹和损伤。各部位密封件完好无缺失，无渗漏油。

（2）安装底座应水平，构架及夹件应固定牢固，无倾斜或变形。

（3）一次、二次引线和母排应接触良好，单螺栓固定时须配备双螺母（防松螺母）。

（4）阀门、取油口、排气口开闭应灵活。

（5）储油柜油位应正确，油位计内部无凝露。

（6）温度计座应密封良好，温度指示正常，观察窗内无凝露。

（7）呼吸器（吸湿器）应呼吸通畅，硅胶应无受潮变色或破碎，更换硅胶距顶盖下方应留出1/6～1/5高度的空隙。油杯应清洁，油面在规定位置。

（8）铁芯、夹件应有且只有一点接地，接触良好。

（9）接地点应有明显的接地符号标志，明敷接地线的表面应涂以15～100mm宽度相等的绿色和黄色相间的条纹。接地线采用扁钢时，应经热镀锌防腐。使用多股软铜线的接地线，接头处应具备完好的防腐处理（热缩包扎）。

2. 套管更换关键工艺质量控制

（1）套管更换工作宜选在天气良好时进行，现场作业环境应满足要求，温度不低于5℃，并具有防尘防雨措施。

(2) 新套管外观应完好，无裂纹和损伤，各部件密封良好，油位正常。

(3) 更换套管所有密封件，应采用尺寸符合要求的耐油密封垫圈。

(4) 拆除旧套管前，应关闭储油柜与油箱之间的连接阀门，排油至油面低于套管安装法兰水平位置200mm以下。

(5) 起吊过程应使用专用吊具和选择正确的吊点，保证套管倾斜度和安装角度一致。

(6) 旧套管吊出时，应待吊索轻微受力以后，方可松开安装法兰螺栓。新套管安装时相反。

(7) 安装法兰螺栓应对角、循环紧固，法兰密封垫圈压缩1/3为宜（胶棒压缩1/2），密封良好，无渗漏。

(8) 对于穿缆式套管，应使用专用带环螺栓拧在引线头上进行牵引，穿入新套管时应控制速度。

(9) 新套管油位应朝向便于运维巡视观察的方向，油位应正常。垂直安装的套管，油位宜在1/2以上，倾斜安装的套管，油位宜在2/3以上。

(10) 更换后应静置，反复排气，确保消弧线圈本体内无气体。

3. 储油柜更换关键工艺质量控制

(1) 更换储油柜工作宜选在天气良好时进行，现场作业环境应满足要求，温度不低于5℃，并具有防尘防雨措施。

(2) 新储油柜外观应完好，无裂纹和损伤，各部件密封良好。

(3) 应用合格的变压器油清洗新储油柜。

(4) 旧储油柜起吊前，应先排油，再拆除其与消弧线圈本体之间的所有连接。

(5) 新储油柜应固定牢固，储油柜与接地变本体之间的接地线应恢复。

(6) 注油前应拧开储油柜放气塞，再从储油柜注油口向内注油，或直接打开储油柜顶部排气口向内注油，调整油位至正确位置。

(7) 注油过程应保持匀速，严禁从接地变压器底部向内注油。

(8) 注油完毕，应关闭各阀门、取油口和排气口，检查各部位密封良好，无渗漏油。

(9) 更换后应静置，反复排气，确保接地变压器内无气体。

4. 储油柜补油关键工艺质量控制

(1) 补油工作宜选在天气良好时进行，现场作业环境应满足要求，温度不低于5℃，并具有防尘防雨措施。

(2) 注油前应拧开储油柜放气塞，再从储油柜注油口向内注油，或直接打开储油柜顶部排气口向内注油，调整油位至正确位置。

(3) 注油过程应保持匀速，严禁从接地变压器底部向内注油。

(4) 注油完毕，应关闭各阀门、取油口、排气口。检查各部位密封良好，无渗漏油。

(5) 补油后应静置，反复排气，确保接地变压器内无气体。

5. 呼吸器（吸湿器）检修关键工艺质量控制

(1) 呼吸器（吸湿器）外观应完好，玻璃罩无裂纹、损伤，密封件完好无缺失，运输过程中的密封垫块、保护罩应取出。

(2) 硅胶应无受潮变色或破碎，更换硅胶距顶盖下方应留出1/6～1/5高度的空隙。

（3）油杯应清洁，油面在规定位置。旋转安装式油杯不宜旋得过紧。

（4）检查呼吸器呼吸通畅，与储油柜间的连接管应密封良好。

6. 气体继电器检修关键工艺质量控制

（1）更换气体继电器工作宜选在天气良好时进行。

（2）新气体继电器器身应完整，无锈蚀。

（3）安装前，应用合格的变压器油清洗气体继电器。

（4）绑扎浮球与挡板的固定绳应取下。

（5）气体继电器上箭头应指向储油柜。连管朝向储油柜方向应有不小于1.5%的升高。

（6）户外安装的气体继电器应配有防雨罩。

（7）二次电缆孔洞应封堵，电缆保护管进线处应设置有滴水弯。

（8）更换后应静置，反复排气，确保接地变压器内无气体。

7. 压力释放阀检修关键工艺质量控制

（1）更换压力释放阀工作宜选在天气良好时进行。

（2）检查新压力释放阀器身应完整，无锈蚀。

（3）压力释放阀固定螺栓应对角、循环紧固，密封良好无渗漏。

（4）户外安装的压力释放阀应配有防雨罩。

（5）二次电缆孔洞应封堵，电缆保护管进线处应设置有滴水弯。

（6）微动开关动作方向应正确，拨动微动开关，压力释放信号应可靠动作。

（7）更换后应静置，反复排气，确保接地变压器内无气体。

8. 阀门检修关键工艺质量控制

（1）阀门应转动灵活，开闭指示标志应清晰、正确，无渗漏。

（2）更换阀门时，应更换密封件，密封件应入槽，无渗漏。

（3）对渗漏点进行补焊处理时要求焊点准确，焊接牢固。

（4）更换后应静置，反复排气，确保接地变压器本体内无气体。

5.3.2.5 消弧线圈成套装置主要附件检修

1. 调匝式分接开关检修关键工艺质量控制

（1）设备外观应完好，无锈蚀。

（2）底座、构架应支撑牢固，无倾斜和变形。

（3）一次绕组抽头引线应接触良好。

（4）传动机构操作灵活，无卡涩和异响，真空接触器、弹簧部件、行程开关、微动开关等元件正确可靠动作，接触良好。传动部分应增涂适合当地气候条件的润滑脂。

（5）紧急停止按钮应可靠动作。

（6）远方遥控升、降挡，现场、消弧线圈控制屏，综自监控系统上挡位指示应一致。

（7）对于相控式装置，可控硅动作特性应符合制造厂要求。

（8）工作完毕应将有载开关恢复到修前状态。

2. 避雷器检修关键工艺质量控制

（1）外观应完好，无裂纹、损伤、爬电和烧灼痕迹。

（2）一次引线应接触良好，单螺栓固定时须配备双螺母（防松螺母）。

（3）避雷器与地网之间应可靠连接。

（4）接地点应有明显的接地符号标志，明敷接地线的表面应涂以15～100mm宽度相等的绿色和黄色相间的条纹。接地线采用扁钢时，应经热镀锌防腐。使用多股软铜线的接地线，接头处应具备完好的防腐处理（热缩包扎）。

3. 接地开关检修关键工艺质量控制

（1）接地开关应操作灵活，触头接触可靠。

（2）导电部分的软连接可靠，无折损。

（3）操作机构安装牢固，固定构架无倾斜和变形。

4. 电压互感器检修关键工艺质量控制

（1）外观应完好，绝缘件表面清洁，无裂纹、损伤、爬电和烧灼痕迹。环氧树脂表面及端部应光滑平整，无裂纹和损伤变形。

（2）一次、二次引线应接触良好，单螺栓固定时需配备双螺母（防松螺母）。

5. 电流互感器检修关键工艺质量控制

（1）外观应完好，绝缘件表面清洁，无裂纹、损伤、爬电和烧灼痕迹。环氧树脂表面及端部应光滑平整，无裂纹和损伤变形。

（2）一次、二次引线应接触良好，单螺栓固定时需配备双螺母（防松螺母）。

6. 阻尼电阻及其组件检修关键工艺质量控制

（1）设备外观应完好，无锈蚀。

（2）阻尼电阻应无发热、鼓包和烧伤。

（3）一次引线应接触良好，单螺栓固定时需配备双螺母（防松螺母）。

7. 并联电阻及其组件检修关键工艺质量控制

（1）设备外观应完好，无锈蚀。

（2）并联电阻应无发热、鼓包和烧伤。

（3）一次、二次引线应接触良好，单螺栓固定时需配备双螺母（防松螺母）。

（4）并联电阻投入、切除时超时告警时间继电器应整定正确，符合制造厂要求。

5.3.2.6　例行检查

1. 消弧线圈成套装置（干式）例行检查关键工艺质量控制

（1）外观应完好，无锈蚀。环氧树脂、绝缘支撑件表面应清洁，无损伤、爬电和烧灼痕迹。

（2）一次、二次引线连接处应接触良好，接头处无过热和烧伤。烧伤深度超过1mm的应更换。损坏和丢失的热缩包扎应补齐。

（3）接地引下线应接触良好，无严重锈蚀和断股。

（4）调匝式分接开关传动机构应操作灵活，无卡涩和异响。各部件可靠动作，接触良好。传动部分应增涂适合当地气候条件的润滑脂。

（5）有载分接开关挡位指示应与消弧线圈控制屏、综自监控系统上的挡位指示一致。

（6）对于调容式和相控式装置，电容器外观应完好，无渗油和鼓肚。

（7）接地开关应操作灵活，触头接触可靠。

（8）阻尼电阻和并联电阻应无发热、鼓包和烧伤。

（9）箱式变内的加热驱潮及排风装置应正常工作。

2. 消弧线圈成套装置（油浸）例行检查关键工艺质量控制

（1）外观应完好，无锈蚀。环氧树脂、绝缘支撑件表面应清洁，无损伤、爬电和烧灼痕迹。

（2）一次、二次引线连接处应接触良好，接头处无过热和烧伤。烧伤深度超过1mm的应更换。损坏和丢失的热缩包扎应补齐。

（3）接地引下线应接触良好，无严重锈蚀和断股。

（4）各部位应密封良好，无渗漏油。

（5）储油柜油位应正确，油位计内部无凝露。

（6）温度计座应密封良好，温度指示正常，观察窗内无凝露。

（7）呼吸器（吸湿器）应呼吸通畅，硅胶应无受潮变色和破碎，更换硅胶距顶盖下方应留出1/6～1/5高度的空隙。油杯应清洁，油面在规定位置。

（8）气体继电器、压力释放阀无渗漏。

（9）调匝式分接开关传动机构应操作灵活，无卡涩和异响。各部件可靠动作，接触良好。传动部分应增涂适合当地气候条件的润滑脂。

（10）有载分接开关挡位指示应与消弧线圈控制屏、综自监控系统上的挡位指示一致。

（11）对于调容式和相控式装置，电容器外观应完好，无渗油和鼓肚。

（12）接地开关应操作灵活，触头接触可靠。

（13）阻尼电阻和并联电阻应无发热、鼓包和烧伤。

（14）箱式变内的加热驱潮及排风装置应正常工作。

5.3.3　典型故障案例

5.3.3.1　干式接地变A相接地典型故障

现场检查发现所用变高压侧A相绕组筒体表面垂挂着1根二次线缆，经检查确认，该线缆为温控器二次线。将线移开，筒体绝缘层外有3处放电烧蚀痕迹，如图5-4所示。地面发现一根断掉的绑扎带，为原绑扎温控器二次线的扎带。扎带断裂后，与筒体相接触，发生放电接地。

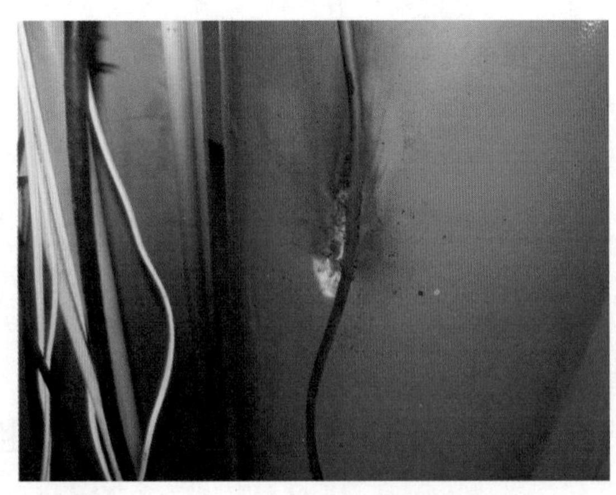

图5-4　线缆与筒体接触发生放电

通过以上的现象，判断故障发生的原因是：温控器二次线最初用绑扎带固定，由于运行环境和天气等的原因，绑扎带断裂，温控器二次线与A相绕组外侧绝缘层接触，绝缘强度不够，导致放电接地。

绑扎带主要由塑料材质构成，受温湿度等环境因素影响较大，容易发生断裂。

建议及时对该所用变进行大修；在固定高压开关柜（所用变柜等）内容易触及高压设备的二次线时，应避免使用塑料绑扎带。

5.3.3.2 所用变跳闸典型故障

现场检查发现B、C相外层绝缘釉面存在烧融现象，如图5-5所示。

图5-5 B、C相外层绝缘釉面存在有烧融现象

现场检查发现B相分接头螺丝存在过热融化的现象，如图5-6所示，可见故障时短路电流很大，通过了解，短路电流达到10000A以上；在B、C相的绝缘件上发现了类似被电弧灼烧的小斑点。

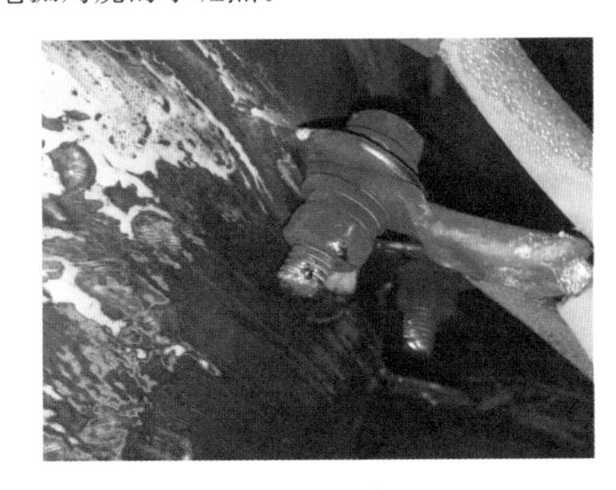

图5-6 B相分接头螺丝存在过热融化现象

另外，从保护装置上得知为A相短路故障，因此故障过程推测为A相先发生短路，导致B、C相过电压从而绝缘下降放电。而现场未找到具体的短路点。

现场空气湿度较低，灰尘较为干燥，因此也不存在受潮导致绝缘降低的现象。

另外，检查断路器手车外观完好，电力电缆外观无异常。

该台所用变从外观检查来看，经历较为严重的不良工况，绝缘层受到了损伤，后接局变压器专职指示，该间隔暂不可投运，待备品到位后进行更换。更换后的干式接地变如图5-7所示。

图5-7 更换后的干式接地变

通过现场检查，故障过程推测为所用变 A 相先发生短路，导致 B、C 相过电压从而绝缘下降放电。其根本原因为所用变本身绝缘下降，不足以耐受工作电压，导致放电。

处理建议：采取在线测温以及其他监测设备状态的措施，及时发现设备的不良工况，并阻止其进一步恶化。

5.4　串联补偿装置检修

5.4.1　专业巡视要点

5.4.1.1　串补平台的巡视

（1）电容器外壳应无鼓肚和渗漏油。

（2）引线接头、电容器外壳以及电流流过的其他主要设备无异常发热。

（3）瓷瓶清洁，无裂纹、无破损和放电痕迹。

（4）引线无松股和断股等异常。

（5）电容器组、金属氧化物避雷器上无鸟巢和其他异物。

（6）晶闸管阀室的门应关闭良好，阀室外面无搭挂杂物等。

（7）观察阀室底部、水冷绝缘子外部无漏水现象。

5.4.1.2　冷却系统的巡视

（1）冷却系统的压力、流量、温度、电导率等仪表的指示值应正常，无渗漏。

（2）水位应正常，水位过低需补充冷却水。

（3）循环水泵无异常声响，温度应正常。

（4）户外散热器风机转动应正常。

（5）户外散热器通道无堵塞和异物。

（6）各阀门开闭正确，无渗漏，等电位线连接良好。

（7）交流电源屏各开关位置正确，接线牢固，无异常发热。

5.4.1.3　载流导体的巡视

（1）软引线无断股、散股和锈蚀。

（2）硬母线本体或焊接面无开裂、变形和脱焊。

（3）硬母线封端球正常无脱落。

（4）引线 、接头和线夹无过热。

（5）连接金具无变形、锈蚀和裂纹。

（6）无异物悬挂。

5.4.1.4　绝缘子的巡视

（1）支柱绝缘子表面清洁，无损伤，垂直度符合厂家要求。

（2）支柱绝缘子基础无倾斜下沉。

（3）斜拉绝缘子外观无破损、老化变形和脱落。

（4）斜拉绝缘子拉力适中，无明显松动。

（5）均压环安装牢固、整齐。

（6）绝缘子各连接部位无松动，金具和螺栓无锈蚀。

5.4.2 检修关键工艺质量控制要求

5.4.2.1 整体更换关键工艺质量控制

（1）搬运、吊装支持瓷瓶时，使用合适的材料将瓷瓶包裹好，防止绝缘子受损。

（2）单相平台的下球节点安装高度应符合设计标高，相邻球节点水平偏差不应大于2mm，最大偏差不应大于5mm；轴线偏差不应大于5mm。

（3）斜拉绝缘子底座的水平偏差不应大于20mm，轴线偏差不应大于10mm。

（4）安装好的支柱绝缘子弯曲矢量不应大于10mm，垂直度偏差不应大于10mm。

（5）各绝缘子顶部中心间距和对应的基础标称值偏差不应大于5mm，水平高度偏差不应大于2mm。

（6）平台在地面组装时，应将平台主梁吊至道木上，每根主梁至少要有3个支点，并用水平仪进行找平。

（7）安装平台次梁、母线支架等附件时，应严格按照安装图进行核对，保证安装位置正确。

（8）安装主梁并接节点及主次梁并接节点时，高强度螺栓在初拧及终拧时应按照由螺栓群中央向外逐步拧紧的顺序进行。

（9）主梁对接螺栓力矩值全部达到要求后方可进行次梁螺栓紧固。

（10）主梁连接后其弯曲矢高不应大于10mm，长度偏差不应大于2mm。

（11）使用两台吊车起吊，吊点应距平台两端2～3m。

（12）调节和测量斜拉绝缘子拉力时，须在无风天气时进行，并记录环境温度。

（13）斜拉绝缘子调整应成对进行，调整完成后，阻尼弹簧伸长量应符合技术文件规定。

（14）平台格栅应平整、牢固。

（15）平台表面无变形、生锈现象。

（16）平台护栏应牢固，表面光洁，无毛刺。

（17）平台护栏门自锁灵活。

（18）工作结束前，检查全部临时拉线和临时接地线均已拆除。

5.4.2.2 电容器检修关键工艺质量控制

（1）电容器表面油漆无脱落和锈蚀，本体无鼓肚和渗漏油。

（2）瓷套外观清洁无破损，端子螺杆应无弯曲和滑扣，垫片齐全。

（3）连接引线无松股和断股。

（4）严禁工作人员踩踏电容器套管及引线。

（5）电容器安装好后检查接线板安装正确，无变形和开裂。

（6）电容器支架固定牢固，无变形和生锈。

（7）电容器之间的连接线松紧程度适宜。

（8）电容器组与支架连接紧固。

（9）工作结束前，确认全部临时短路线和临时接地线均已拆除。

5.4.2.3 金属氧化物限压器（MOV）检修关键工艺质量控制

（1）搬运、吊装MOV时，使用合适的材料将瓷套包裹好，防止瓷套受损。

（2）MOV应按技术文件或铭牌标识进行编组安装。

（3）MOV安装前，应取下运输时用于保护MOV防爆膜的防护罩，安装过程中，防爆膜不应受损伤。

（4）MOV接线板表面无氧化、划痕和脏污，接触良好。

（5）MOV安装垂直度应符合制造厂的规定，其铭牌应位于易于观察的同一侧。

（6）MOV的排气通道应通畅，排出的气体不得喷及其他电气设备。

（7）MOV高、低压引线排的连接不应使端子受到额外的应力，其截面应满足制造厂家要求。

（8）瓷套外观清洁，无破损。

（9）绝缘基座外观清洁，无破损，固定螺栓无锈蚀。

5.4.2.4 触发间隙检修关键工艺质量控制

（1）触发间隙内工作时，人员及工具重量不得超过制造厂要求。

（2）石墨电极属易碎品，检修时应注意避免损伤。

（3）主间隙的间隙外壳、支撑绝缘子、穿墙套管、各电极及均压电容等部件外观清洁无破损和漏油现象。

（4）触发间隙外壳无变形、生锈、漏雨等现象。

（5）石墨电极、铜电极表面光滑，无灼烧痕迹和裂纹。

（6）调节闪络间隙时，间隙距离调节值与整定值间误差符合制造厂要求。

（7）触发间隙触发功能正常。

5.4.2.5 电流互感器检修关键工艺质量控制

（1）安装前核对铭牌应准确无误。

（2）拆、装电流互感器时，其外壳不得磕碰、摩擦。

（3）金属部位无锈蚀，底座、支架固定牢固，无倾斜变形。

（4）外绝缘表面清洁、完好。

（5）电流互感器极性安装正确。

（6）电流互感器接地端、一次、二次接线端子接触良好，无锈蚀，标识清晰。

（7）不平衡电流互感器油位正常，无渗漏。

（8）不平衡电流互感器膨胀器工作正常。

5.4.2.6 载流导体检修关键工艺质量控制

（1）硬母线安装前校正平直，切断面应平整。

（2）硬母线下料按母线的实际长度，避免不必要的接头。

（3）硬母线与设备接线端子连接时，应符合《高压电器端子尺寸标准化》（GB/T 5273—2016）的有关规定。

（4）相同布置的主母线、分支母线、引下线及设备连接应对称一致、横平竖直、整齐美观。

（5）硬母线固定器一定要牢靠，应与母线型号配套，保证母线可自由伸缩。

（6）插接母线的母线槽终端球、封端盖应完全插入母线管内，固定紧固，并对尖角打磨光滑，防止尖端放电。

（7）软引线切割前在端口两侧各50mm处绑扎好，防止散股，同一截面处损伤面积不超过导电部分总截面的5%。

（8）液压设备工作应正常，压力范围与钢模和线夹的要求相匹配。

（9）软引线导线端头深入线夹长度应达到规定长度。

（10）软引线压接时线夹位置正确，不歪斜，相邻两模间重叠不小于5mm。

（11）软引线压接型设备线夹，朝上30°～90°安装时应配钻直径6mm的滴水孔。

（12）母线与固定金具固定应平整牢固，不应使其所支持的母线受额外应力。

（13）母线与导电设备连接的接触面要清洁并涂复合脂。

（14）电容器组接线后应核对接线正确。

5.4.2.7 阻尼装置检修关键工艺质量控制

（1）阻尼电抗器吊装时须使用电抗器上端中心吊环或吊孔进行。

（2）阻尼电抗器绕组各层通风道应无异物或堵塞。

（3）阻尼电抗器表面绝缘漆无龟裂、变色和脱落。

（4）阻尼电抗器上下汇流排无变形和裂纹。

（5）阻尼电抗器绕组无断裂和松焊。

（6）阻尼电抗器包封与支架间紧固带无松动和断裂。

（7）阻尼电阻器表面无损伤、变形和掉漆。

（8）阻尼电阻器应按产品技术文件进行上下叠装。

（9）带MOV的阻尼装置应检查MOV瓷套外观无损伤和裂纹。

5.4.2.8 光纤柱检修关键工艺质量控制

（1）搬运、吊装光纤柱时，使用合适的材料将绝缘外套包裹好，防止绝缘外套受损。

（2）安装前检查光纤柱外观清洁，无碰撞和划伤痕迹。

（3）光纤柱各连接螺栓无松动锈蚀。

（4）光纤柱均压环固定牢固，无变形。

（5）光纤柱悬挂正确，弹簧调整适中，柱体应无明显摆动现象，光纤柱受力不应超出厂家规定的上限值。

（6）光纤柱的光纤不应受外力，且弯曲半径应符合规定或制造厂要求。

（7）光纤柱的等电位连接导体应可靠连接。

（8）光纤柱的光纤转接箱内应清洁，接头、端子无松动。

5.4.2.9 支柱绝缘子、斜拉绝缘子检修关键工艺质量控制

（1）搬运、吊装绝缘子时，使用合适的材料将瓷瓶包裹好，防止绝缘子受损。

（2）支柱绝缘子更换前应确认超声波探伤检测合格。

（3）支柱绝缘子垂直度符合制造厂要求。

（4）瓷绝缘子表面清洁，无损伤；复合型外绝缘表面清洁，无变形和损伤。

（5）斜拉绝缘子调整后拉力符合制造厂要求。

（6）均压环安装牢固、整齐。

5.4.2.10 晶闸管阀及阀室检修关键工艺质量控制

（1）晶闸管阀室应连同运输加固附件整体吊装，安装完毕后拆除加固件。

（2）晶闸管阀室高低压套管、通风窗等附件应在阀室吊装完成后进行安装。

（3）晶闸管阀安装架固定良好，各设备无移位。

（4）晶闸管阀体及辅助部分的电气连接紧固，固定晶闸管阀组的弹簧受力应符合技术规范要求。

（5）晶闸管阀室无脱漆、生锈和漏雨等现象。

（6）晶闸管阀室表面、穿墙套管清洁无污垢。

（7）晶闸管阀的水冷管路及其部件等无破裂、渗漏水现象。

5.4.2.11 阀（相）控电抗器检修关键工艺质量控制

（1）吊装时须使用电抗器上端中心吊环或吊孔进行。

（2）绕组各层通风道应无异物和堵塞。

（3）表面绝缘漆无龟裂、变色和脱落。

（4）上下汇流排无变形和裂纹。

（5）绕组无断裂和松焊。

（6）包封与支架间紧固带无松动和断裂。

5.4.2.12 晶闸管阀冷却系统检修关键工艺质量控制

（1）设备各单元底座与基础固定牢固，接地可靠，管道安装后各支架、吊架受力应均匀，无明显变形。

（2）管道安装后，管道、阀门不应承受额外应力，法兰连接应与管道同心且法兰间应保持平行，其偏差不应大于法兰外径的1.5‰，且不应大于2mm。

（3）风冷设备支架垂直度不应大于1.5‰支架高度，散热器安装的水平度偏差不应大于1mm/m。

（4）管道法兰间应采用跨接线连接，管道接地应可靠，接地线截面积不应小于35mm^2。

（5）循环泵应在有介质情况下进行试运转，试运转的介质或代用介质均应符合制造厂技术规定。

（6）管道安装时应减少管道内部露空时间，按照产品的技术规定清洗冷却管道内壁，确保内壁洁净。

（7）穿墙及过楼板的管道应加套管进行保护，套管应高出楼面或地面50mm以上，管道与套管间隙宜采用阻燃软质材料填塞。

（8）注入冷却系统的水应为去离子水，其电导率应符合产品的技术规定，如果无规定，去离子水的电导率不应大于0.2μS/cm。

（9）检查冷却系统的压力、流量、温度、电导率等仪表，指示值应正常，无明显漏水现象。

（10）检查水位正常，水位过低时应补充冷却水。

（11）检查户外散热器风机运转正常，通道无堵塞和异物。

（12）各阀门开闭正确，无渗漏，等电位引线应可靠连接。

（13）检查交流电源屏各开关位置正确，接线牢固，无过热现象。

（14）防冻结冷却介质的混合液和配合比应符合设计要求。

（15）冷却系统的供电电源应符合设计要求，双电源应能实现自动切换，水泵及备用水泵投切正常。

5.4.2.13 例行检查关键工艺质量控制

（1）平台外观无锈蚀和变形，爬梯、围栏门锁、围栏等部件无异常。

（2）平台上各设备的孔洞、缝隙内无鸟窝等异物。

（3）金属部件无锈蚀、开裂、损伤和变形等异常现象。

（4）绝缘瓷套外观无损伤、破损和开裂，胶合面防水胶完好，均压环无开裂和变形等异常现象。

（5）载流导体连接牢固，无松股和断股等异常现象。

（6）电容器外观清洁无渗漏油，电容器接线端子紧固无过热和放电痕迹。

（7）MOV 防爆膜完整，无异物。

（8）触发间隙外观清洁无异常，间隙闪络距离符合厂家设计要求，石墨电极、铜电极表面清洁，无烧蚀痕迹。

（9）电流互感器外观清洁，油位正常，无渗漏。

（10）阻尼装置外观清洁，无损伤。

（11）光纤柱外观清洁，无碰撞和划伤痕迹，拉力适中。

（12）晶闸管阀室通风窗口正常。

（13）检查晶闸管阀室无脱漆、生锈和漏雨等现象。

（14）检查晶闸管阀组的压紧弹簧正常。

（15）晶闸管阀的水冷管路及其部件等无破裂、渗水和漏水现象。

（16）阀（相）电抗器绕组表面绝缘漆无龟裂、变色和脱落，各层通风道应无异物或堵塞。

（17）阀（相）电抗器绕组无断裂和松焊，上下汇流排无变形和裂纹。

（18）冷却系统水位及各表计指示正常，各阀门开闭正确，无漏水现象。

（19）冷却系统循环水泵无异常声响，温度应正常。

（20）冷却系统户外散热器风机运转正常，通道无堵塞和异物。

（21）冷却系统水泵及备用水泵投切正常。

5.5 避雷器检修

5.5.1 专业巡视要点

5.5.1.1 碳化硅阀式避雷器本体巡视

（1）接线板连接可靠，无变形、变色和裂纹现象。

（2）瓷外套表面无破损、裂纹和明显积污。

（3）瓷外套表面无放电和烧伤痕迹。

（4）瓷外套防污闪涂层无龟裂、起层、破损和脱落。

（5）瓷外套法兰无锈蚀和裂纹。

（6）瓷外套法兰粘合处无破损、裂纹和积水。

（7）瓷外套金属密封件无锈蚀和融孔。

（8）避雷器排水孔通畅，安装位置正确。

（9）避雷器压力释放通道处无异物，防护盖无脱落和翘起，安装位置正确。

（10）避雷器防爆片应完好。

（11）避雷器整体连接牢固，无倾斜，连接螺栓齐全，无锈蚀和松动。

（12）避雷器内部无异响。

（13）避雷器铭牌完整，无缺失，相色正确、清晰。

（14）低式布置的避雷器遮栏内无异物。

（15）避雷器未消除缺陷及隐患应满足运行要求。

（16）避雷器反措项目执行情况。

（17）避雷器无家族性缺陷。

5.5.1.2　碳化硅阀式避雷器绝缘底座、均压环、放电计数器巡视

（1）绝缘底座排水孔应通畅，表面无异物、破损和积污。

（2）绝缘底座法兰无锈蚀、变色和积水。

（3）均压环无变形、锈蚀、开裂和破损。

（4）放电计数器固定可靠，外观无锈蚀和破损。

（5）放电计数器密封良好，观察窗内无凝露和进水现象。

（6）放电计数器绝缘小套管表面无异物、破损和明显积污。

（7）放电计数器及支架连接可靠，无松动、变形、开裂和锈蚀。

（8）放电计数器与避雷器如果采用绝缘导线连接，其表面应无破损和烧伤，两端连接螺栓无松动和锈蚀。

（9）放电计数器与避雷器如果采用硬导体连接，其表面应无变形、松动和烧伤，两端连接螺栓无松动和锈蚀，固定硬导体的绝缘支柱无松动、破损和明显积污。

5.5.1.3　碳化硅阀式避雷器引流线及接地装置巡视

（1）引流线拉紧绝缘子紧固可靠、受力均匀，轴销、挡卡完整可靠。

（2）引流线无散股、断股和烧损，相间距离及弧垂符合技术标准。

（3）引流线连板（线夹）无裂纹、变色和烧损。

（4）引流线连接螺栓无松动、锈蚀和缺失。

（5）避雷器接地装置应连接可靠，无松动和烧伤，焊接部位无开裂和锈蚀。

5.5.1.4　碳化硅阀式避雷器基础及构架巡视

（1）基础无破损和沉降。

（2）构架无锈蚀和变形。

（3）构架焊接部位无开裂，连接螺栓无松动。

（4）构架接地无锈蚀和烧伤，连接可靠。

5.5.1.5 金属氧化物避雷器本体巡视

（1）接线板连接可靠，无变形、变色和裂纹现象。

（2）复合外套及瓷外套表面无裂纹、破损、变形和明显积污。

（3）复合外套及瓷外套表面无放电和烧伤痕迹。

（4）瓷外套防污闪涂层无龟裂、起层、破损和脱落。

（5）复合外套及瓷外套法兰无锈蚀和裂纹。

（6）复合外套及瓷外套法兰粘合处无破损、裂纹和积水。

（7）避雷器排水孔通畅，安装位置正确。

（8）避雷器压力释放通道处无异物，防护盖无脱落和翘起，安装位置正确。

（9）避雷器防爆片应完好。

（10）避雷器整体连接牢固，无倾斜，连接螺栓齐全，无锈蚀和松动。

（11）避雷器内部无异响。

（12）带并联间隙的金属氧化物避雷器，外露电极表面应无明显烧损和缺失。

（13）避雷器铭牌完整，无缺失，相色正确、清晰。

（14）低式布置的金属氧化物避雷器遮栏内无异物。

（15）避雷器未消除缺陷及隐患应满足运行要求。

（16）避雷器反措项目执行情况。

（17）避雷器无家族性缺陷。

5.5.1.6 金属氧化物避雷器绝缘底座、均压环、放电计数器巡视

（1）绝缘底座排水孔应通畅，表面无异物、破损和积污。

（2）绝缘底座法兰无锈蚀、变色和积水。

（3）均压环无变形、锈蚀、开裂和破损。

（4）监测装置固定可靠，外观无锈蚀和破损。

（5）监测装置密封良好，观察窗内无凝露和进水现象。

（6）监测装置绝缘小套管表面无异物、破损和明显积污。

（7）监测装置及支架连接可靠，无松动、变形、开裂和锈蚀。

（8）监测装置与避雷器如果采用绝缘导线连接，其表面应无破损和烧伤，两端连接螺栓无松动和锈蚀。

（9）监测装置与避雷器如果采用硬导体连接，其表面应无变形、松动和烧伤，两端连接螺栓无松动和锈蚀，固定硬导体的绝缘支柱无松动、破损和明显积污。

（10）避雷器泄漏电流的增长不应超过正常值的20%，在同一次记录中，三相泄漏电流应基本一致。

（11）充气并带压力表的避雷器气体压力无异常。

（12）监测装置二次电缆封堵可靠，无破损和脱落，电缆标识牌齐全、正确、清晰。

（13）监测装置二次电缆保护管固定可靠，无锈蚀和开裂。

（14）监测装置二次接线应牢靠、接触良好，无松动和锈蚀现象。

（15）避雷器在线监测装置数据采集及显示正常。

5.5.1.7 金属氧化物避雷器引流线及接地装置巡视

（1）引流线拉紧绝缘子紧固可靠、受力均匀，轴销、挡卡完整可靠。

（2）引流线无散股、断股和烧损，相间距离及弧垂符合技术标准。

（3）引流线连板（线夹）无裂纹、变色和烧损。

（4）引流线连接螺栓无松动、锈蚀和缺失。

（5）避雷器接地装置应连接可靠，无松动和烧伤，焊接部位无开裂和锈蚀。

5.5.1.8 金属氧化物避雷器基础及构架巡视

（1）基础无破损和沉降。

（2）构架无锈蚀和变形。

（3）构架焊接部位无开裂，连接螺栓无松动。

（4）构架接地无锈蚀和烧伤，连接可靠。

5.5.2 检修关键工艺质量控制要求

5.5.2.1 碳化硅阀式避雷器连接部位检修关键工艺质量控制

（1）连接螺栓无松动和缺失，定位标记无变化。

（2）避雷器各节连接螺栓应与螺孔尺寸相配套，否则应进行更换。

（3）螺栓外露丝扣及装配方向应符合规范要求。

（4）严重锈蚀或丝扣损伤的螺栓、螺帽应进行更换。

（5）螺栓、螺母、弹簧垫圈宜采用热镀锌工艺产品。

（6）避雷器各连接面无可见缝隙，并涂覆防水胶。

（7）避雷器垂直度应符合制造厂的规定，调整时可在法兰间加金属片校正，并保证其导电性能。

（8）更换或重新紧固后的螺栓应标识。

（9）螺栓材质及紧固力矩应符合技术标准。

5.5.2.2 碳化硅阀式避雷器外绝缘检修关键工艺质量控制

（1）瓷外套表面单个破损面积不允许超过40mm²。

（2）瓷外套与法兰处粘合应牢固，无破损，粘合处露沙高度不小于10mm，并均匀涂覆防水密封胶。

（3）瓷外套法兰粘合处防水密封胶有起层、变色时，应将防水密封胶彻底清理，清理后重新涂覆合格的防水密封胶。

（4）瓷外套伞裙边沿部位出现裂纹应采取措施，并定期进行监督，伞棱及瓷柱部位出现裂纹应更换。

（5）运行10年以上的瓷套，应对法兰粘合处防水层重点进行检查。

（6）严重锈蚀的法兰应对其表面进行防腐处理。

（7）根据瓷外套表面积污特点，选择合适的清扫工具和清扫方法对伞裙的上、下表面分别进行清理，尤其是伞棱部位应重点清扫。

（8）禁止在雨天、雾天、风沙的恶劣天气及环境温度低于3℃、空气相对湿度大于85%的户外环境下进行防污闪涂敷工作。

（9）瓷质绝缘子表面防污闪涂层有翘皮、起层、龟裂时，应将异常部位清除干净，然后复涂。

（10）瓷质绝缘子表面防污闪涂层进行复涂时，应对原有涂层表面的尘垢进行清理，对附着力良好但已失效的原有防污闪涂层，无需清除，可在其上直接复涂。

（11）严格按照防污闪涂料说明书进行涂覆工作，涂覆表面应无瓷外套釉色，涂层厚度均匀，颜色一致，表面无挂珠和流淌痕迹。

5.5.2.3 碳化硅阀式避雷器放电计数器检修关键工艺质量控制

（1）备品测试合格，技术参数符合标准，放电动作计数器应恢复至零位。

（2）放电计数器固定可靠、密封良好，观察窗内无凝露和进水现象，外观无锈蚀和破损。

（3）放电计数器表面完好，固定可靠，无锈蚀和开裂。

（4）放电计数器与避雷器如果采用绝缘导线连接，其表面应无破损和烧伤，两端连接螺栓无松动和锈蚀。

（5）放电计数器与避雷器如果采用硬导体连接，其表面应无变形、松动和烧伤，两端连接螺栓无松动和锈蚀，固定硬导体的绝缘支柱无松动、破损和明显积污。

5.5.2.4 碳化硅阀式避雷器绝缘底座检修关键工艺质量控制

（1）绝缘底座无破损、锈蚀和明显积污。

（2）根据瓷外套表面积污特点，选择合适的清扫工具和清扫方法对绝缘底座进行清理，尤其是伞棱部位应重点清扫。

（3）绝缘底座采用穿芯套管，应对穿芯套管进行检查和清理，有破损的应进行更换。

（4）绝缘底座法兰粘合处防水密封胶有起层、变色时，应将防水密封胶彻底清理，并重新涂覆防水密封胶。

（5）绝缘底座绝缘电阻不符合标准时，应进行解体检测，并根据检测结果更换相关部件。

5.5.2.5 碳化硅阀式避雷器均压环检修关键工艺质量控制

（1）均压环装配牢固，无倾斜、变形和锈蚀。

（2）均压环表面无毛刺，平整光滑，表面凸起应小于1mm。

（3）均压环焊接部位应均匀一致，无裂纹、弧坑、烧穿和焊缝间断，并进行防腐处理。

（4）均压环对地、对中间法兰的空气间隙距离应符合产品技术标准。

（5）均压环支撑架及紧固件锈蚀严重的应更换为热镀锌件。

（6）均压环排水孔应通畅。

（7）螺栓材质及紧固力矩应符合技术标准。

5.5.2.6 金属氧化物避雷器整体或元件更换关键工艺质量控制

（1）设备型号及技术参数应满足设计要求，并对照货物清单检查元件是否齐全。

（2）安装使用说明书、出厂试验报告、产品合格证、装配图纸等技术文件完整。

（3）避雷器外观完好，无脏污。

（4）避雷器法兰排水孔通畅、安装位置正确，无堵塞，法兰粘合牢靠，有防水措施。

（5）避雷器、监测装置元件应检测合格。

（6）避雷器应正直立放，不得倒放、斜放或倒运。

（7）带并联间隙的金属氧化物避雷器应对并联间隙距离及金属氧化物避雷器配合参数进行校验。

（8）避雷器释压板及喷嘴应完整，无变形和损伤，装配中释压板及喷嘴不应受力。

（9）多节避雷器应采取单节方式装配，装配中瓷套法兰粘合处不应受力。

（10）多节避雷器安装应按照使用说明书要求顺序装配，各节之间严禁互换。

（11）避雷器在更换中不允许拆开、破坏密封。

（12）采用微正压结构的避雷器密封状态应良好，各元件上的自封阀完好。

（13）避雷器金属接触面在装配前应清理表面氧化膜及异物，并涂适量电力复合脂。

（14）并列装配的避雷器三相中心应在同一条直线上，铭牌易于巡视观察。

（15）避雷器垂直度应符合制造厂的规定，调整时可在法兰间加金属片校正，并保证其导电性能，其缝隙用防水胶涂覆。

（16）均压环装配牢靠、水平，不得倾斜，对地、对中间法兰的空气间隙距离应符合技术标准。

（17）避雷器压力释放通道应朝向安全地点，排出的气体不致引起相间短路或对地闪络，并不得喷及其他设备。

（18）监测装置密封良好，三相装配位置一致。

（19）监测装置观察窗清晰，无破损，安装位置应符合运行人员巡视要求。

（20）监测装置绝缘小套管无裂纹和破损。

（21）避雷器接线板、设备线夹、导线外观无异常，螺栓应与螺孔相配套。

（22）埋头螺栓应采用不锈钢材质，螺孔内应涂适量防锈润滑脂。

（23）瓷外套顶部密封用螺栓及垫圈应采取防水措施，底部压紧用的扇形铁片应无松动，底部密封垫完好，并采取防水措施。

（24）禁止在装配中改变接线板、设备线夹原始角度。

（25）避雷器高压侧引线弧垂、截面应符合规范要求。

（26）避雷器各引线的连接不应使端子受到超过允许负荷的外加应力。

（27）各焊接处无虚焊，焊接线应平整、光滑，焊接处应进行防腐、防锈处理。

（28）螺栓材质及紧固力矩应符合技术标准。

5.5.2.7 金属氧化物避雷器连接部位检修关键工艺质量控制

（1）连接螺栓无松动、缺失，定位标记无变化。

（2）避雷器各节连接螺栓应与螺孔尺寸相配套，否则应进行更换。

（3）螺栓外露丝扣及装配方向应符合规范要求。

（4）严重锈蚀或丝扣损伤的螺栓、螺帽应进行更换。

（5）螺栓、螺母、弹簧垫圈宜采用热镀锌工艺产品。

（6）避雷器各连接面无可见缝隙，并涂覆防水胶。

（7）避雷器垂直度应符合制造厂的规定，调整时可在法兰间加金属片校正，并保证其导电性能。

(8) 更换或重新紧固后的螺栓应标识。

(9) 螺栓材质及紧固力矩应符合技术标准。

5.5.2.8 金属氧化物避雷器外绝缘部分检修关键工艺质量控制

(1) 设备外绝缘和耐污等级应满足安装地区配置要求。

(2) 瓷外套表面单个破损面积不允许超过 $40mm^2$。

(3) 瓷外套与法兰处粘合应牢固，无破损，粘合处露砂高度不小于 10mm，并均匀涂覆防水密封胶。

(4) 瓷外套法兰粘合处防水密封胶有起层、变色时，应将防水密封胶彻底清理，清理后重新涂覆合格的防水密封胶。

(5) 瓷外套伞裙边沿部位出现裂纹应采取措施，并定期进行监督，伞棱及瓷柱部位出现裂纹应更换。

(6) 运行 10 年以上的瓷套，应对法兰粘合处防水层重点进行检查。

(7) 严重锈蚀的法兰应对其表面进行防腐处理。

(8) 选择合适的工具和清扫方法对伞裙的上、下表面分别进行清理，尤其是伞棱部位应重点清扫。

(9) 禁止在雨天、雾天、风沙的恶劣天气及环境温度低于 3℃、空气相对湿度大于 85%的户外环境下进行防污闪涂敷工作。

(10) 瓷质绝缘子表面防污闪涂层有翘皮、起层、龟裂时，应将异常部位清除干净，然后复涂。

(11) 瓷质绝缘子表面涂层进行复涂时，应对原有涂层表面的尘垢进行清理，对附着力良好但已失效的原有防污闪涂层无需清除，可在其上直接复涂。

(12) 严格按照防污闪涂料说明书进行涂覆工作，涂覆表面应无瓷外套釉色、涂层厚度均匀、颜色一致，表面无挂珠和流淌痕迹。

(13) 复合外套表面不应出现严重变形、开裂和变色。

(14) 复合外套单个缺陷面积不超过 $5mm^2$，深度不大于 1mm，总缺陷面积不应超过复合外套面积的 0.2%。

(15) 复合外套表面凸起高度不超过 0.8mm，粘接合缝处凸起高度不超过 1.2mm。

(16) 避雷器禁止加装辅助伞裙。

5.5.2.9 金属氧化物避雷器检测装置检修关键工艺质量控制

(1) 备品测试合格，技术参数符合标准，监测装置计数器应恢复至零位（双指针式）。

(2) 监测装置密封良好，观察窗内无凝露和进水现象，外观无锈蚀和破损。

(3) 监测装置固定可靠，无锈蚀和开裂。

(4) 监测装置与避雷器如果采用绝缘导线连接，其表面应无破损和烧伤，两端连接螺栓无松动和锈蚀。

(5) 监测装置与避雷器如果采用硬导体连接，其表面应无变形、松动和烧伤，两端连接螺栓无松动和锈蚀，固定硬导体的绝缘支柱无松动和破损，无明显积污。

(6) 监测装置二次接线排列整齐、美观，封堵、吊牌、标识正确完好。

(7) 监测装置二次端子、螺丝、垫圈无锈蚀、缺失和变形，否则应更换补齐。

（8）监测装置二次接线应牢靠、接触良好，无松动和破损。

（9）监测装置二次回路接线正确，绝缘符合相关技术标准。

（10）监测装置数据采集及显示正常。

5.5.2.10　金属氧化物避雷器绝缘底座检修关键工艺质量控制

（1）绝缘底座无破损和锈蚀，无明显积污。

（2）根据瓷外套表面积污特点，选择合适的清扫工具和清扫方法对绝缘底座进行清理，尤其是伞棱部位应重点清扫。

（3）绝缘底座采用穿芯套管，应对穿芯套管进行检查和清理，有破损的应进行更换。

（4）绝缘底座法兰粘合处防水密封胶有起层、变色时，应将防水密封胶彻底清理，并重新涂覆防水密封胶。

（5）绝缘底座绝缘电阻不符合标准时，可根据情况进行解体检测，并根据检测结果更换相关部件。

5.5.2.11　金属氧化物避雷器均压环检修关键工艺质量控制

（1）均压环应牢固、水平，无倾斜、变形和锈蚀。

（2）均压环表面无毛刺，平整光滑，表面凸起应小于 1mm。

（3）均压环焊接部位应均匀一致，无裂纹、弧坑、烧穿和焊缝间断，并进行防腐处理。

（4）均压环对地、对中间法兰的空气间隙距离应符合产品技术标准。

（5）均压环支撑架及紧固件锈蚀严重的应更换为热镀锌件。

（6）均压环排水孔通畅。

（7）螺栓材质及紧固力矩应符合技术标准。

5.5.2.12　避雷器例行检查关键工艺质量控制

（1）基座及法兰无裂纹和锈蚀。

（2）绝缘外套无变形、破损、放电和烧伤痕迹。

（3）复合外套和瓷绝缘外套的防污闪涂层憎水性应符合标准。

（4）复合外套和瓷绝缘外套法兰粘合处无破损和积水，防水性能良好。

（5）避雷器连接螺栓无松动、锈蚀和缺失。

（6）支架各焊接部位无开裂和锈蚀。

（7）金属部件无锈蚀、开裂、损伤和变形。

（8）密封金属结构件无变色和融孔。

（9）避雷器引流线无烧伤、断股和散股。

（10）引流线拉紧绝缘子紧固可靠、受力均匀，轴销、挡卡完整可靠。

（11）监测装置无破损，固定可靠、密封良好。

（12）均压环装配牢固，无倾斜、变形和锈蚀。

（13）避雷器法兰排水孔通畅，无堵塞，法兰粘合牢靠，无开裂。

（14）避雷器接线板、设备线夹、导线外观无异常，螺栓应与螺孔匹配。

（15）避雷器释压板及喷嘴无变形、损伤和堵塞现象。

（16）避雷器接地装置应连接可靠，焊接部位无开裂和锈蚀。

(17) 充气并带压力表的避雷器的气体压力值应符合要求。

(18) 对异常缺陷进行处理。

5.5.3 常见问题及整改措施

5.5.3.1 外套表面破损

【问题描述】避雷器外套表面破损，如图 5-8 所示。

【违反条款】复合外套及瓷外套表面无裂纹、破损、变形和明显积污。

【整改措施】更换避雷器，如图 5-9 所示。

图 5-8 避雷器外套表面破损

图 5-9 避雷器外套表面无破损

5.5.3.2 泄压喷口朝向巡视通道

【问题描述】泄压喷口朝向巡视通道，如图 5-10 所示。

【违反条款】避雷器压力释放通道处无异物，防护盖无脱落和翘起，安装位置正确。

【整改措施】结合停电调整方向，如图 5-11 所示。

图 5-10 泄压喷口朝向巡视通道

图 5-11 泄压喷口朝向正确

5.5.3.3　避雷器相色不清晰

【问题描述】避雷器相色不清晰，有褪色、掉落，如图 5－12 所示。

【违反条款】避雷器铭牌完整，无缺失，相色正确、清晰。

【整改措施】对设备运行标识进行重新喷色或更换处理，如图 5－13 所示。

图 5－12　相色褪色、掉落

图 5－13　设备铭牌、相序及运行编号标识清晰可识别

5.5.3.4　泄漏电流表内部受潮

【问题描述】泄漏电流表内部受潮，如图 5－14 所示。

【违反条款】放电计数器密封良好，观察窗内无凝露和进水现象。

【整改措施】在铜排和泄漏电流表之间加装软连接，对进水的装置进行更换，如图 5－15 所示。

图 5－14　泄漏电流表内部受潮

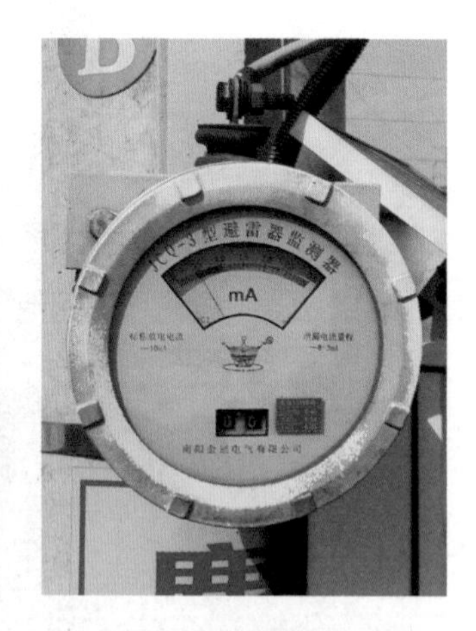

图 5－15　泄漏电流表内部无受潮

5.5.3.5 避雷器泄漏电流表上小套管破损

【问题描述】避雷器泄漏电流表上小套管破损，如图 5-16 所示。

【违反条款】放电计数器绝缘小套管表面无异物、破损和明显积污。

【整改措施】对小套管进行更换，如图 5-17 所示。

图 5-16 避雷器泄漏电流表上小套管破损

图 5-17 小套管清洁、螺栓紧固

5.5.3.6 避雷器底座螺栓锈蚀

【问题描述】避雷器底座、固定螺栓以及泄漏电流表螺栓存在锈蚀情况，如图 5-18 所示。

【违反条款】避雷器整体连接牢固，无倾斜，连接螺栓齐全，无锈蚀和松动。

【整改措施】对生锈部位进行防腐除锈处理，如图 5-19 所示。

图 5-18 避雷器底座、固定螺栓存在锈蚀现象

图5-19 器身、构架等金属部件无锈蚀

5.5.4 典型故障分析

2019年，××公司带电检测发现××线线路避雷器数据不合格。现场目测外部伞裙根部均有明显裂纹。初步分析避雷器外部复合绝缘开裂（图5-20），导致避雷器内部进水受潮而致检测数据异常，避雷器浸水前后试验数据见表5-1。公司立即落实备品备件，对××线线路避雷器进行更换。

图5-20 避雷器外部复合绝缘开裂

表5-1 避雷器浸水前后试验数据

状态	绝缘电阻 /MΩ	直流1mA下电压 /kV	0.75直流参考电压下的泄漏电流值/μA
干燥	43000	152.3	8
浸水	1500	148.7	232.1

第6章

其他设备检修

6.1 主变中性点隔直装置检修

6.1.1 专业巡视要点

6.1.1.1 电阻限流装置巡视

（1）外观无锈蚀、灰尘、破损和变形。

（2）绝缘体外表面清洁，无裂纹。

（3）装置无异常振动、异常声音和异味、无明显放电痕迹。

（4）间隙表面无闪络痕迹。

（5）间隙表面无异物。

（6）监测装置无报警。

（7）遥信、遥测量与装置运行情况是否一致。

6.1.1.2 电容隔直装置巡视

（1）外观无锈蚀、灰尘、破损和变形。

（2）绝缘体外表面清洁，无裂纹。

（3）装置无异常振动、异常声音、异味和明显放电痕迹。

（4）电容器无渗漏油和鼓肚。

（5）电抗器表面无变色。

（6）检查冷控、通风设备运行正常。

（7）监测装置无报警。

(8) 遥信、遥测量与装置运行情况是否一致。

(9) 装置的运行动作记录。

6.1.2 检修关键工艺质量控制要求

6.1.2.1 电阻限流装置检修

1. 整体更换

(1) 吊装应按照厂家规定程序进行，使用合适的吊带进行吊装。

(2) 检查瓷套外观清洁，无破损。

(3) 检查绝缘子铸铁法兰无裂纹，胶接处胶合良好，无开裂。

(4) 对支架、基座等铁质部件进行除锈防腐处理。

(5) 接地可靠，无松动和明显锈蚀。

(6) 电阻器本体完好无破损和变形。

(7) 二次接线良好，无松动，防护套无损坏。

(8) 二次回路绝缘电阻大于5MΩ。

(9) 放电间隙距离应符合产品技术条件要求。

(10) 电阻器接线板与导体连接紧固。

(11) 上传信号核对正确。

2. 电阻器检修

(1) 检查瓷套外观清洁，无破损。

(2) 检查绝缘子铸铁法兰无裂纹，胶接处胶合良好，无开裂。

(3) 接地可靠，无松动和明显锈蚀。

(4) 电阻器本体完好无破损和变形。

(5) 本体绝缘不小于2500MΩ。

(6) 直流电阻测试结果与出厂值误差不大于5%。

(7) 电阻器接线板与导体连接紧固。

3. 放电间隙检修

(1) 石墨电极属易碎品，检修时应注意避免损伤。

(2) 间隙外壳无变形现象，间隙尺寸符合技术要求。

(3) 石墨电极表面光滑，无灼烧痕迹和裂纹。

4. 互感器检修

(1) 安装前核对铭牌应准确无误。

(2) 拆、装互感器时，其外壳不得磕碰、摩擦。

(3) 金属部位无锈蚀，底座、支架固定牢固，无倾斜变形。

(4) 外绝缘表面清洁、完好。

(5) 电流互感器极性安装正确。

(6) 互感器接地端和一次、二次接线端子接触良好，无锈蚀，标识清晰。

(7) 检查互感器外壳接地是否牢固。

6.1.2.2 电容隔直装置检修

1. 整体检修

(1) 吊装应按照厂家规定程序进行，使用合适的吊带进行吊装。

(2) 对支架、基座等铁质部件进行除锈防腐处理。

(3) 接地可靠，无松动和明显锈蚀等现象。

(4) 外观检查无锈蚀和灰尘。

(5) 清洁瓷套外观，无破损。

(6) 设备内清洁完好，无任何遗留物。

(7) 二次接线良好，无松动，防护套无损坏。

(8) 二次回路绝缘电阻大于5MΩ。

(9) 主回路导通测试满足规程要求。

(10) 接地导通测试满足规程要求。

(11) 转换功能检查正确。

(12) 上传信号核对正确。

2. 电容器检修

(1) 电容器表面油漆无脱落和锈蚀，本体无鼓肚和渗漏油。

(2) 瓷套外观清洁无破损，端子螺杆应无弯曲和滑扣，垫片齐全。

(3) 本体绝缘不小于2000MΩ。

(4) 电容量测试结果与出厂值误差不大于5%。

(5) 电容器安装好后检查接线板安装正确，无变形和开裂。

(6) 工作结束前，确认全部临时短路线和临时接地线均已拆除。

3. 电子旁路开关检修

(1) 各部分电气连接紧固，无松动。

(2) 绝缘无破损，绝缘子无裂痕和闪络痕迹。

(3) 固定晶闸管阀组的弹簧受力应符合技术规范要求。

(4) 内部光纤可靠插接，接头、端子无松动。

(5) 阀导通、关断测试结果正常，动作电压符合整定值。

4. 机械旁路开关检修

(1) 外绝缘清洁、无破损。

(2) 螺栓应对称均匀紧固，力矩符合产品技术规定。

(3) 分、合闸指示与本体实际分、合闸位置相符。

(4) 合、分闸过程中无异常卡滞和异响。

(5) 主回路接触电阻测试符合产品技术要求。

(6) 触头的开距及超行程符合产品技术规定。

5. 高能氧化锌组件检修

(1) 搬运、吊装氧化锌组件时，使用合适的材料将瓷套包裹好，防止瓷套受损。

(2) 氧化锌组件应按技术文件或铭牌标识进行编组安装。

(3) 安装前，应取下运输时用于保护防爆膜的防护罩，安装过程中，防爆膜不应受损伤。

(4) 接线板表面无氧化、划痕和脏污，接触良好。

(5) 安装氧化锌组件垂直度应符合制造厂的规定，其铭牌应位于易于观察的同一侧。

(6) 氧化锌组件的排气通道应通畅，排出的气体不得喷及其他电气设备。

(7) 氧化锌组件高、低压引线排的连接不应使端子受到额外的应力，其截面应满足制造厂家要求。

(8) 瓷套外观清洁，无破损。

(9) 绝缘基座外观清洁，无破损，固定螺栓无锈蚀。

6. 互感器检修

(1) 安装前核对铭牌应准确无误。

(2) 拆、装互感器时，其外壳不得磕碰、摩擦。

(3) 金属部位无锈蚀，底座、支架固定牢固，无倾斜变形。

(4) 外绝缘表面清洁、完好。

(5) 电流互感器极性安装正确。

(6) 互感器接地端和一次、二次接线端子接触良好，无锈蚀，标志清晰。

(7) 互感器外壳接地是否牢固。

6.1.2.3 例行检查

(1) 框架及元件接地可靠，无松动及明显锈蚀等现象。

(2) 瓷套外观清洁无破损。

(3) 绝缘子铸铁法兰无裂纹，胶接处胶合良好，无开裂。

(4) 内部各连接件固定牢固，无松动，各设备无移位。

(5) 电阻器本体完好无破损和变形。

(6) 电容器表面清洁，无渗漏油。

(7) 电抗器表面无变色。

(8) 晶闸管连接紧固，绝缘无破损。

(9) 旁路开关合、分闸位置指示正确。

(10) 隔离开关合、分闸位置指示正确。

(11) 电气及机械闭锁动作可靠。

(12) 内部光纤可靠插接，接头、端子无松动。

(13) 冷控、通风设备运行正常。

(14) 监测装置无报警。

6.1.3 常见问题及整改措施

【问题描述】框架明显锈蚀，如图 6-1 所示。

【违反条款】框架及元件接地可靠，无松动及明显锈蚀等现象。

【整改措施】结合停电计划防腐处理，如图 6-2 所示。

图 6-1 框架明显锈蚀

图 6-2 框架无锈蚀

6.2 站用变检修

6.2.1 专业巡视要点

6.2.1.1 油浸式站用变巡视

1. 套管巡视

（1）瓷套完好，无脏污、破损和放电。

（2）防污闪涂料、复合绝缘套管伞裙、增爬伞裙无龟裂、老化和脱落。

（3）各部密封处应无渗漏。

（4）套管及接头部位无异常发热。

2. 站用变本体及储油柜巡视

（1）温度计、防雨罩完好，温度指示正常。

（2）油位指示正确。

（3）箱体（含散热片、储油柜、分接开关、压力释放阀等）无渗漏油和锈蚀。

（4）无异常振动声响，油箱及引线接头等部位无异常发热。

（5）站用变接地应完好。

3. 吸湿器巡视

（1）外观无破损，吸湿器应留有 1/6～1/5 高度的空隙，吸湿剂变色部分不超过 2/3。

（2）油杯的油位在油位线范围内，内油面或外油面应高于呼吸管口，油质透明无浑浊，呼吸正常。

4. 端子箱巡视

（1）柜体接地应良好，密封、封堵良好，无进水和凝露。

（2）端子应无过热痕迹。

（3）加热器（如有）应检查是否正常工作。

6.2.1.2 干式站用变巡视

(1) 设备外观完整无损，器身上无异物。

(2) 绝缘支柱无破损、裂纹和爬电。

(3) 温度指示器指示正确。

(4) 无异常振动和声响。

(5) 整体无异常发热部位，导体连接处无异常发热。

(6) 风冷控制及风扇运转正常（如有）。

(7) 相序正确。

(8) 本体应有可靠接地，且接地牢固。

6.2.2 检修关键工艺质量控制要求

6.2.2.1 套管检修

1. 纯瓷套管检修

(1) 所有经过拆装的部位，其密封件应更换。

(2) 导电杆和连接件紧固螺栓或螺母有防止松动的措施。

(3) 重新组装时应更换新胶垫，位置放正，胶垫压缩均匀，密封良好。

(4) 绝缘筒与导电杆中间应有固定圈，导电杆应处于瓷套的中心位置。

(5) 更换放气塞密封圈时确保密封圈入槽。

(6) 检修过程中采取措施防止异物掉入油箱。

2. 电容型套管检修

(1) 所有经过拆装的部位，其密封件应更换。

(2) 导电杆和连接件紧固螺栓或螺母有防止松动的措施。

(3) 重新组装时应更换新胶垫，位置放正，胶垫压缩均匀，密封良好。

(4) 绝缘筒与导电杆中间应有固定圈，导电杆应处于瓷套的中心位置。

(5) 更换放气塞密封圈时确保密封圈入槽。

(6) 检修过程中采取措施防止异物掉入油箱。

(7) 末屏接地良好，电容量试验合格。

6.2.2.2 储油柜及油保护装置检修

1. 储油柜检修

(1) 应更换所有连接管道的法兰密封垫。

(2) 起吊储油柜时注意吊装环境。

(3) 放出储油柜内的存油，清扫储油柜，储油柜内部应清洁，无锈蚀和水分。

(4) 排除集污盒内污油。

(5) 若站用变有安全气道，则应和储油柜间互相连通。

(6) 集污盒、塞子整体密封良好无渗漏。

(7) 保持连接法兰的平行和同心，密封垫压缩量为1/3（胶棒压缩1/2）。

(8) 油位计指示正确。

(9) 拆装前后应确认蝶阀位置正确。

2. 吸湿器检修

(1) 吸湿剂宜采用变色硅胶，应经干燥。

(2) 吸湿剂装入时应保留1/6～1/5高度的空隙。

(3) 更换密封垫，密封垫压缩量为1/3（胶棒压缩1/2)。

(4) 油杯注入干净变压器油，加油至正常油位线。

(5) 新装吸湿器，应将内口密封垫拆除。

6.2.2.3 无励磁分接开关检修

(1) 逐级转动时检查定位螺栓应处在正确位置。

(2) 极限位置的限位应准确有效。

(3) 触头表面应光洁，无变色、镀层脱落和损伤，弹簧无松动。触头接触压力均匀、接触严密。

(4) 绝缘件应完好，无受潮、破损、剥离开裂、变形和放电，表面清洁无油垢。

(5) 操作杆绝缘良好，无弯曲变形，拆下后，应做好防潮、防尘措施。

(6) 密封垫圈入槽、位置正确，压缩均匀，法兰面啮合良好，无渗漏油。

(7) 调试最好在注油前和套管安装前进行，应逐级手动操作，操作灵活无卡滞，通过观察和测量确认定位正确、指示正确、限位正确。

(8) 无励磁分接开关在改变分接位置后必须测量使用分接的直流电阻和变比。

6.2.2.4 非电量保护装置检修

1. 指针式油位计更换

(1) 拆卸表计时应先将油面降至表计以下，再将接线盒内信号连接线脱开。

(2) 连杆应伸缩灵活，无变形折裂，浮筒完好无变形和漏气。

(3) 齿轮传动机构应转动灵活。转动主动磁铁，从动磁铁应同步转动正确。

(4) 复装时摆动连杆，摆动45°时，指针应从“0”位置到“10”位置或与表盘刻度相符，否则应调节限位块。

(5) 当指针在“0”最低油位和“10”最高油位时，限位报警信号动作应正确，否则应调节凸轮或开关位置。

(6) 二次电缆应完好，密封良好，二次电缆保护管不应有积水弯和高挂低用现象，如有，应临时做好封堵并开排水孔。

2. 更换压力式（信号）温度计

(1) 查看传感器应无损伤和变形。

(2) 温度计需经校验合格后安装。检查温度设置准确，连接二次电缆应完好。

(3) 站用变箱盖上的测温座中预先注入适量变压器油，再将测温传感器安装在其中，安装后做好防水措施。

(4) 金属细管应按照弯曲半径大于50mm盘好，妥善固定。

(5) 二次电缆应完好，密封良好，二次电缆保护管不应有积水弯和高挂低用现象，如有，应临时做好封堵并开排水孔。

3. 更换电阻（远传）温度计

(1) 铂电阻应完好，无损伤。

（2）应由专业人员进行校验，全刻度±1.0℃。

（3）应由专业人员进行调试，采用温度计附带的匹配元件。

（4）站用变箱盖上的测温座中预先注入适量变压器油，再将铂电阻测温包安装在其中，安装后做好防水措施。

（5）二次电缆应完好，密封良好，二次电缆保护管不应有积水弯和高挂低用现象，如有，应临时做好封堵并开排水孔。

4. 更换压力释放装置

（1）压力释放装置需经校验合格后安装。

（2）更换密封件，依次对角拧紧安装法兰螺栓。

6.2.2.5 端子箱检修

（1）清扫外壳，除锈并进行防腐处理，清扫内部积灰。

（2）各部触点及端子板应完好无缺损，连接螺栓应无松动和丢失。

（3）箱门的密封衬垫完好有效。

（4）连接二次电缆应无损伤，封堵完好。

6.2.2.6 器身检修

1. 器身

（1）检修工作应选在无尘土飞扬及其他污染的晴天时进行，应在空气相对湿度不超过75%的气候条件下进行。

（2）大修时器身暴露在空气中的时间（器身暴露时间是从站用变放油时起至开始抽真空或注油时为止）应不超过如下规定：空气相对湿度不大于65%为16h；空气相对湿度不大于75%为12h。

（3）器身温度应不低于周围环境温度，否则应采取对器身加热措施，如采用真空滤油机循环加热，使器身温度高于周围空气温度5℃以上。

2. 绕组

（1）绕组外部绝缘应清洁，无破损、变形、发热和树枝状放电痕迹，绑扎紧固完整。

（2）相间隔板应完整并固定牢固。

（3）整个绕组无倾斜和位移，导线辐向无明显弹出。

（4）油箱底部无油垢及其他杂物积存。

（5）外观整齐清洁，绝缘及导线无破损。

（6）垫块应无位移和松动情况。

3. 引线

（1）引线绝缘包扎应完好，无变形、起皱、变脆、破损、断股和变色。

（2）引线绝缘的厚度及间距应符合有关要求。

（3）引线应无断股和损伤。

（4）接头表面应平整、光滑，无毛刺和过热性变色。

（5）引线长短应适宜，不应有扭曲和应力集中。

（6）绝缘支架应无破损、裂纹、弯曲变形和烧伤。

（7）绝缘支架固定应可靠，无松动和串动。

（8）绝缘夹件固定引线处应加垫附加绝缘。

（9）引线与各部位之间的绝缘距离应符合要求。

（10）紧固所有螺栓使其均处在合适的紧固状态。

4. 铁芯

（1）铁芯应平整、清洁，无片间短路、变色和放电烧伤痕迹，铁芯应无卷边、翘角和缺角等。

（2）铁芯与上下夹件、钢拉带、压板、底脚板间均应保持良好绝缘，应一点可靠接地。

（3）绝缘压板与铁芯间要有明显的均匀间隙，绝缘压板应保持完整，无破损、变形、开裂和裂纹。

（4）金属结构件应一点可靠接地。

（5）铁芯接地片插入深度应足够且牢靠，其外露部分应包扎绝缘。

6.2.2.7 排油和注油

1. 排油

排油时，应将站用变进气阀和油罐的放气孔打开。

2. 注油

注油从油箱底部进行，注油完毕后，气体须排净。

6.2.2.8 干式站用变检修

1. 整体更换

（1）站用变外观应完好，无锈蚀和掉漆。绝缘支撑件清洁，无裂纹和损伤，环氧树脂表面及端部应光滑平整，无裂纹和损伤变形。

（2）安装底座应水平，构架及夹件应固定牢固，无倾斜和变形。

（3）高低压引线、母排应接触良好，单螺栓固定时需配备双螺母（防松螺母）。

（4）铁芯应有且只有一点接地，接触良好。

（5）接地点应有明显的接地符号标志，明敷接地线的表面应涂以15～100mm宽度相等的绿色和黄色相间的条纹。接地线采用扁钢时，应经热镀锌防腐；使用多股软铜线的接地线，接头处应具备完好的防腐处理（热缩包扎）。

（6）干式变压器低压零线与设备本体空气绝缘净距离要求为：10kV应不小于125mm，35kV应不小于300mm。

（7）温度显示器指示正常，风扇（如有）自动控制功能完善。

2. 绝缘支撑件检修

（1）绝缘支撑件外观应完好，无裂纹和损伤。各部件密封良好，用手按压硅橡胶套管伞裙表面无龟裂。

（2）拆除一次引线接头，引线线夹应无开裂和发热。烧伤深度超过1mm的应更换。

（3）绝缘支撑件固定螺栓应对角、循环紧固。

3. 风机更换

（1）检查叶片无明显变形和扭曲。

（2）检查叶片内无异物，用手转动时无卡滞和刮擦。

（3）试运转风机转动平稳，转向正确，无异声，三相电流基本平衡。

6.2.2.9　例行检查

1. 套管

（1）瓷件应无放电、裂纹、破损和脏污等，法兰无锈蚀。

（2）套管本体及与箱体连接密封应良好，无渗油，油位指示清晰，油位正常。

（3）套管导电连接部位应无松动。

（4）套管接线端子等连接部位表面应无氧化和过热。

（5）外观、RTV 以及增爬裙检查正常。

（6）电容型套管末屏接地可靠。

2. 压力释放装置（全密封结构）

无喷油和渗漏油。

3. 压力式温度计、电阻式温度计

（1）温度计内应无潮气凝露。

（2）温度计指示正确。

4. 油位计

（1）表内应无潮气凝露。

（2）通过红外等手段确认无假油位。

（3）油位表信号端子盒密封良好。

5. 二次回路

（1）采用1000V 绝缘电阻表测量继电器、油温指示器、油位计、压力释放阀二次回路的绝缘电阻应大于 1 MΩ。

（2）端子箱防雨、防尘措施良好，接线端子无松动和锈蚀。

6.2.3　常见问题及整改措施

6.2.3.1　站用变本体锈蚀

【问题描述】站用变本体发生锈蚀，如图 6－3 所示。

【违反条款】箱体（含散热片、储油柜、分接开关、压力释放阀等）无渗漏油和锈蚀。

【整改措施】对锈蚀部位进行防腐处理，如图 6－4 所示。

图 6－3　站用变本体发生锈蚀

图 6－4　站用变本体无锈蚀

6.2.3.2 站用变本体有渗油

【问题描述】站用变本体有渗油，如图 6-5 所示。

【违反条款】箱体（含散热片、储油柜、分接开关、压力释放阀等）无渗漏油和锈蚀。

【整改措施】更换渗油处密封圈，如图 6-6 所示。

图 6-5 站用变本体存在渗油

图 6-6 站用变本体及组件无渗漏

6.2.3.3 吸湿器硅胶变色

【问题描述】吸湿剂（变色硅胶）变色，如图 6-7 所示。

【违反条款】外观无破损，吸湿器应留有 1/6～1/5 高度的空隙，吸湿剂变色部分不超过 2/3。

【整改措施】更换硅胶，如图 6-8 所示。

图 6-7 吸湿剂（变色硅胶）变色

图 6-8 吸湿剂不应自上而下变色，上部不应被油浸润，无碎裂、粉化现象

6.2.3.4 本体油位不清晰

【问题描述】本体油位不清晰，如图 6-9 所示。

【违反条款】油位指示正确。

【整改措施】结合停电更换观察窗，如图 6-10 所示。

图6-9 本体油位不清晰

图6-10 本体油位清晰

6.2.3.5 引线绝缘包扎脱落

【问题描述】引线绝缘包扎脱落，如图6-11所示。

【违反条款】引线绝缘包扎应完好，无变形、起皱、变脆、破损、断股和变色。

【整改措施】结合停电绝缘化处理，如图6-12所示。

图6-11 引线绝缘包扎脱落

图6-12 引线绝缘包扎完好

6.2.3.6 干式站用变温度指示器指示不正确

【问题描述】温度指示器指示不正确，如图6-13所示。

【违反条款】温度指示器指示正确。

【整改措施】结合停电更换温度指示器，如图6-14所示。

图6-13 温度指示器指示损坏

图6-14 温度指示器指示正常

6.2.3.7 站用变瓷件有脏污

【问题描述】站用变瓷件积污严重，如图 6－15 所示。

【违反条款】瓷件应无放电、裂纹、破损和脏污等，法兰无锈蚀。

【整改措施】结合停电清洗脏污，如图 6－16 所示。

图 6－15 站用变瓷件积污严重

图 6－16 站用变瓷件无积污

6.2.3.8 站用变瓷瓶破损

【问题描述】站用变瓷瓶破损，如图 6－17 所示。

【违反条款】瓷套完好，无脏污、破损和放电。

【整改措施】结合停电更换瓷瓶，如图 6－18 所示。

图 6－17 站用变瓷件破损　　图 6－18 站用变瓷件无破损

6.2.4 典型故障分析

现场观察，远离窗口的 A、B 相有放电现象，如图 6－19 所示，靠近窗口的 C 相外观无损伤。地面无明显水迹，基本上可排除窗口损坏造成前一夜大雨引起的绝缘损坏的可能。

所用变上可明显观察到的损坏有：①A、B相绕组两端的接线螺丝有明显电弧烧灼的痕迹；②A相高压绕组的分接头处被电弧熏黑；③B相高压绕组底部有一小片有裂纹，从裂纹处剥去表层，内部无损伤；④A、B分接头下面的绝缘支持件底最下面有一块小铁板，边上有数粒被电弧烧灼的斑点。基本上可确定为所用变发生相间短路故障引起开关跳闸，同时由于所用变室较小，短路时气压增大，将窗从墙上推下，门也受到损伤。

另外，检查断路器手车完好，电力电缆外观无异常，也可排除这两种设备损坏的可能。

将变压器拆头进行电气试验，其他项目均合格，唯有高压绕组对地绝缘较小，其中只有20多MΩ（三相连通），但耐压试验能通过。对外表面进行清扫后，拆开三相间的引线，重新测量绝缘电阻值，A、C两相为100多MΩ，B相700多MΩ。

由上述现象可得出，由于近期雨水较多，空气湿度大，在变压器高压绕组表面引起凝露，造成高压绕组表面闪络并引发相间短路，最终由保护动作切除故障。

后接技术组指示，决定对变压器返厂维修。

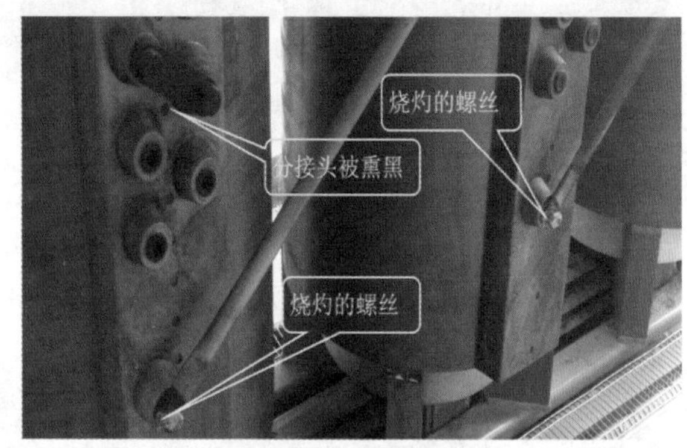

图6-19 干式所用变A、B相放电

6.3 高频阻波器检修

6.3.1 专业巡视要点

6.3.1.1 本体巡视

（1）高频阻波器器身内外无异物。

（2）器身完好，线圈无变形，支撑条无明显位移和缺失，紧固带无松动和断裂。

（3）线圈无爬电痕迹、局部过热和放电声响。

（4）螺栓无松动，框架无脱漆和锈蚀。

（5）保护元件（避雷器）表面无破损和裂纹，调谐元件无明显发热点。

6.3.1.2 附件巡视

（1）悬式绝缘子完整，无放电痕迹，无位移和非正常倾斜。

(2) 支柱绝缘子无破损和裂纹，防污闪涂料无鼓包、起皮和破损，增爬裙无塌陷变形，粘接面牢固。

(3) 连接金具无松脱和锈蚀，开口销无锈蚀、脱位和脱落。

(4) 引线无断股和散股，弧垂适当。

(5) 设备线夹无裂纹和过热。

6.3.2 检修关键工艺质量控制要求

6.3.2.1 整体更换

(1) 高频阻波器外观无变形、破损、掉漆、锈蚀和其他缺陷。

(2) 悬式绝缘子或支柱绝缘子应表面清洁，无破损和裂纹。

(3) 悬式绝缘子悬挂角度及引线弧垂应适当，满足防风偏距离要求，高频阻波器轴线应对地垂直。

(4) 接线端子无毛刺、裂纹和损伤，接触面平整光洁，并涂抹薄层导电脂，螺栓紧固力矩符合要求。

(5) 连接金具连接可靠，垫片、弹簧垫齐全，开口销按规定安装。

(6) 引线压接牢固，无散股、断股和扭曲。

(7) 支柱绝缘子喷涂防污闪涂料，增爬裙粘接牢固。

(8) 支柱绝缘子表面清洁，无破损和裂纹。

(9) 支柱绝缘子铸铁法兰无裂纹，胶接处胶合良好。

(10) 对支架、基座等铁质部件进行除锈防腐处理。

6.3.2.2 组部件更换

(1) 悬式绝缘子悬挂角度及引线弧垂应适当，满足防风偏距离要求，高频阻波器轴线应对地垂直。

(2) 保护元件（避雷器）伞裙无破损、裂纹和变形，固定牢固。

(3) 调谐元件安装固定牢固。

(4) 接线端子无毛刺、裂纹或损伤，接触面平整光洁，并涂抹薄层导电脂，螺栓紧固力矩符合要求。

(5) 连接金具连接可靠，垫片、弹簧垫齐全，开口销按规定安装。

(6) 引线压接牢固，无散股、断股、扭曲。

6.3.2.3 例行检查

(1) 悬式绝缘子悬挂角度及引线弧垂应适当，满足防风偏距离要求，高频阻波器轴线应对地垂直。

(2) 保护元件（避雷器）伞裙无破损、裂纹和爬电痕迹，固定牢固。

(3) 调谐元件外观无烧损痕迹，固定牢固。

(4) 高频阻波器器身内外无异物。

(5) 接线端子无毛刺、裂纹和损伤，接触面平整光洁，并涂抹薄层导电脂，螺栓紧固力矩符合要求。

(6) 器身框架表面无掉漆和裂纹。

（7）支撑条无松动、位移和缺失，紧固带无松动和断裂。

（8）设备线夹无开裂发热，导线无断股和散股。

（9）连接金具连接可靠，垫片、弹簧垫齐全，开口销按规定安装。

（10）支柱绝缘子表面清洁，无异常。

6.3.3 常见问题及整改措施

6.3.3.1 高频阻波器器身有异物

【问题描述】高频阻波器器身有异物，如图6-20所示。

【违反条款】高频阻波器器身内外无异物。

【整改措施】结合停电清除异物，如图6-21所示。

图6-20 高频阻波器器身有异物

图6-21 高频阻波器器身无异物

6.3.3.2 高频阻波器表面涂层破损

【问题描述】高频阻波器表面涂层破损脱落，如图6-22所示。

【违反条款】螺栓无松动，框架无脱漆和锈蚀。

【整改措施】结合停电维护表面涂层，如图6-23所示。

图6-22 高频阻波器表面涂层破损脱落

图6-23 高频阻波器表面涂层无破损脱落

6.3.3.3 高频阻波器连接金具锈蚀

【问题描述】高频阻波器连接金具锈蚀，如图 6-24 所示。

【违反条款】连接金具无松脱和锈蚀，开口销无锈蚀、脱位和脱落。

【整改措施】结合停电防腐除锈，如图 6-25 所示。

图 6-24 高频阻波器连接金具锈蚀

图 6-25 高频阻波器连接金具无锈蚀

6.4 耦合电容器检修

6.4.1 专业巡视要点

6.4.1.1 耦合电容器巡视

（1）设备外观完好，外绝缘无破损和裂纹，无异物附着。

（2）外绝缘应无过热和放电痕迹，爬电不超过第二片伞裙，不出现中部伞裙放电。

（3）防污闪涂料无鼓包、起皮和破损，增爬裙无塌陷变形，粘接面牢固。

（4）本体密封良好，无渗漏油。

（5）均压环表面无锈蚀和变形，固定牢固，无倾斜。

（6）金属部位无锈蚀，底座、构架牢固，无倾斜变形。

（7）引线、接地线可靠连接，各引线无断股、散股和扭曲现象，设备线夹无裂纹和过热。

（8）设备内部无异常声响。

6.4.1.2 结合滤波器巡视

（1）接地开关瓷瓶无开裂。

（2）结合滤波器进线小瓷套无裂纹。

（3）结合滤波器与耦合电容器、接地开关、高频设备之间的接线应无松动和脱落。

（4）结合滤波器与耦合电容器连接线外绝缘良好。

（5）结合滤波器内部应无异常响声。

（6）外壳密封应良好。

（7）低式布置的结合滤波器，防护遮栏内无异物。

（8）接地线连接可靠，无锈蚀。

6.4.2　检修关键工艺质量控制要求

6.4.2.1　整体更换

（1）2节或多节耦合电容器叠装时，应按照制造厂的编号进行。叠装时，应单节吊装，严禁叠加后吊装。

（2）耦合电容器各部位应无渗漏。

（3）吊装过程中应采取可靠措施保护耦合电容器低压端子。

（4）瓷套外观清洁无破损，防污闪涂料无起皮、鼓包和脱落，增爬裙粘接牢固。

（5）瓷瓶与金属法兰胶装部位应密实牢固，涂有性能良好的防水胶，无腐蚀。

（6）具有均压环的耦合电容器，均压环表面光滑，无变形，安装牢固、平正。

（7）接地线连接可靠，无锈蚀。

（8）接线板表面无氧化、划痕和脏污，接触良好，各导电接触面应涂有导电脂。

（9）导线无断股、散股和扭曲，弧垂适当。

（10）耦合电容器低压端子至结合滤波器和接地开关的导线应使用绝缘硬导线，连接可靠。

（11）耦合电容器的金属外露件防腐性能良好，金属镀层无脱落和锈蚀，相色漆正确。

（12）接至耦合电容器的引线不应使其端子受到过大的横向拉力。

6.4.2.2　耦合电容器单元更换

（1）要更换的耦合电容器单元应经试验合格，且为同厂同型号产品。

（2）瓷套外观清洁无破损，防污闪涂料无起皮、鼓包和脱落，增爬裙粘接牢固。

（3）耦合电容器单元法兰浇注部位防水密封胶完好。

（4）更换耦合电容器单元时应从下到上逐节安装。

（5）耦合电容器单元之间电气连接接触良好，螺栓应紧固。

（6）接线板表面无氧化、划痕和脏污，接触良好，各导电接触面应涂有导电脂。

（7）均压环表面光滑，无变形，安装牢固、平正。

（8）导线无断股、散股和扭曲，弧垂适当，接地线连接可靠，无锈蚀。

6.4.2.3　例行检查

（1）在5级及以上的大风及雨、雪等恶劣天气下，应停止露天高处作业。

（2）作业时应做好防止高空坠落及坠物伤人的安全措施。

（3）结合滤波器接地开关应在合闸位置。

6.4.2.4　关键工艺质量控制

（1）瓷套外观清洁无破损，防污闪涂料无起皮、鼓包和脱落，增爬伞裙无脱胶和变形。

（2）设备线夹无裂纹过热痕迹，导线无断股、散股和扭曲，弧垂适当。

（3）本体密封完好，无渗漏。

（4）耦合电容器低压端子小瓷套完好，接线牢固。

（5）接线板表面无氧化、划痕和脏污，接触良好，各导电接触面应涂有导电脂。

（6）接地线连接可靠，无锈蚀。

（7）结合滤波器与耦合电容器、接地开关、高频设备之间的接线应无松动和脱落。

（8）接地开关导电接触面无氧化，瓷瓶无破损，接地应可靠。

（9）结合滤波器外壳密封良好，防护遮栏内无异物。

6.4.3 常见问题及整改措施

6.4.3.1 本体存在渗油

【问题描述】耦合电容器本体渗油，如图 6－26 所示。

【违反条款】本体密封良好，无渗漏油。

【整改措施】结合停电更换密封圈，如图 6－27 所示。

图 6－26 耦合电容器本体轻微渗油

图 6－27 耦合电容器本体无渗油

6.4.3.2 金属部位锈蚀

【问题描述】耦合电容器金属部位锈蚀，如图 6－28 所示。

【违反条款】金属部位无锈蚀，底座、构架牢固，无倾斜变形。

【整改措施】结合停电防腐除锈，如图 6－29 所示。

图 6－28 耦合电容器底座锈蚀

图 6－29 金属部位无锈蚀

6.4.3.3 耦合电容器接地开关瓷瓶开裂

【问题描述】耦合电容器接地开关瓷瓶开裂，如图 6－30 所示。

【违反条款】接地开关瓷瓶无开裂。

【整改措施】结合停电更换瓷瓶，如图 6－31 所示。

图 6－30 耦合电容器接地开关瓷瓶开裂

图 6－31 耦合电容器接地开关瓷瓶完好

6.4.3.4 耦合电容器接地线锈蚀

【问题描述】耦合电容器接地线锈蚀，如图 6－32 所示。

【违反条款】接地线连接可靠，无锈蚀。

【整改措施】结合停电更换接地线，如图 6－33 所示。

图 6－32 耦合电容器接地线锈蚀

图 6－33 耦合电容器接地线无锈蚀

6.5 电力电缆检修

6.5.1 专业巡视要点

6.5.1.1 本体巡视

1. 35kV 及以下本体巡视

（1）外护层无损伤痕迹，进出管口电缆无压伤变形，电缆无扭曲变形，保证电缆弯曲半径符合规程要求。

（2）电缆路径上无杂物、建房和腐蚀性物质等。

（3）电缆标识牌、路径指示牌完好，相色标识齐全、清晰，电缆固定、保护设施完好。

（4）无异常声响和气味。

（5）多条并联运行的电缆宜检测电流分配和电缆表面及接头温度。

（6）对电缆线路靠近热力管或其他热源、电缆排列密集处，应进行土壤温度和电缆表面温度监测。

2. 110（66）kV 及以上本体巡视

（1）电缆无过度弯曲、过度拉伸和外部损伤等情况，充油电缆无渗漏油情况。

（2）电缆抱箍、电缆夹具和电缆衬垫无锈蚀、破损、缺失和螺栓松动等情况。

（3）检查电缆的蠕动变形，是否造成电缆本体与金属件、构筑物距离过近。

（4）电缆防火设施无脱落和破损等情况。

（5）无异常声响和气味。

（6）充油电缆应检查油压报警系统是否运行正常，油压是否在规定范围之内。

6.5.1.2 附件巡视

1. 35kV 及以下附件巡视

（1）电缆附件无变形、开裂和渗漏，防水密封良好。

（2）电缆接头保护盒无变形和损伤。

（3）金属部件无明显锈蚀和破损。

（4）接地线无断裂，紧固螺丝无锈蚀，接地可靠。

（5）电缆附件上相色标志清晰，无脱落。

（6）无放电痕迹、异常声响和气味。

（7）电缆终端温度应符合相关要求，无异常发热现象。

2. 110（66）kV 及以上电缆终端巡视

（1）电缆终端套管无渗油、严重污垢、裂纹和倾斜，油压值正常，无异常放电现象。

（2）支柱绝缘子外观无破损和严重污秽，支柱绝缘子的上、下端面应保持水平。

（3）法兰盘同终端头尾管、电缆头支架、电缆套管应紧固良好，无锈蚀。

（4）密封件密封良好，无渗漏。

（5）接地线同电缆终端尾管、接地箱、接地极间应紧固良好，无锈蚀，接地装置外观良好。

（6）设备线夹外观无异常、弯曲、氧化和灼伤等情况，线夹紧固螺栓无锈蚀、松动和螺帽缺失等情况。

（7）有补油装置的交联电缆终端应检查油位是否在规定的范围之间。

（8）检查GIS筒内有无放电声响，必要时测量局部放电。

（9）电缆终端温度应符合相关要求，引出线连接点无异常发热现象。

（10）电缆终端构架周围无影响电缆安全运行的树木、爬藤、堆物及违章建筑等，运行标志应齐全。

（11）电缆终端杆塔及围栏无变形、歪斜和严重锈蚀现象。

6.5.1.3 附属设备巡视

1. 接地装置巡视

（1）接地线及回流线完好，连接牢固。

（2）接地箱无损伤和严重锈蚀，密封完好，箱体接地良好，安装牢固。

（3）接地装置与接地线端子紧固螺丝无锈蚀和断裂。

（4）通过短路电流后应检查护层过电压限制器有无烧熔现象，接地箱内连接排接触是否良好。

（5）必要时测量连接处温度和单芯电缆金属护层接地线电流，有较大突变时应停电进行接地系统检查，查找接地电流突变原因。

（6）接地标志清晰，无脱落。

2. 支架巡视

（1）金属支架无锈蚀、破损和部件缺失。

（2）复合支架无老化现象。

（3）金属支架接地性能良好。

（4）支架固定装置无松动和脱落现象。

3. 其他附属设备巡视

（1）电缆标志标牌无锈蚀、老化、破损和缺失现象。

（2）电缆标志标牌字体清晰，内容完整规范，符合运行要求。

（3）电缆通道内防火设施、涂料、防火墙完好。

（4）各类电缆检测设备（电缆环流监测装置、电缆局放监测装置、电缆测温装置等）数据准确，与控制中心通信正常。

6.5.1.4 附属设施巡视

（1）电缆沟盖板应齐全、完整，无破损，封盖严密，电缆井盖无破损和丢失。

（2）电缆结合（竖）井、电缆沟内无积水、积油和杂物。

（3）通道内电缆应排列整齐，固定可靠。

（4）孔洞封堵严密，保护电缆所填砂及砂石C15混凝土护层无破损。

（5）电缆沟、管应无挖掘痕迹，线路标桩应完整无缺，电缆保护范围内无开挖等异常。

（6）电缆结合（竖）井、电缆沟内无生活垃圾腐败气味和煤气管道泄漏等异常气味。

（7）电缆沟、管、结合井（竖井）上方无违章建筑物和堆积物，沟体无倾斜、变形和渗水。

（8）电缆沟、管、结合井（竖井）沿线应能正常开揭，便于施工及检修。

（9）电缆通道内照明、通风和排水装置工作正常。

6.5.2 检修关键工艺质量控制要求

6.5.2.1 35kV 及以下本体检修

1. 整体更换

（1）安全注意事项。

1）拆除老电缆前仔细核对电缆的铭牌和线路名称与工作票所写是否相符，确认无误后方能施工。

2）拆除老电缆前对电缆进行验电、放电后挂接地线，防止人员触电事故。

3）电缆盘在地面滚动时，必须按电缆绕紧的方向滚动，且外出头要扣紧，防止电缆松脱砸伤人员。

4）禁止将电缆盘从高处推落，防止砸伤人员或电缆。

5）在电缆工井、竖井内作业时，应事先做好有毒有害及易燃气体测试，并做好通风，防止发生人员中毒事故。

6）动火应严格执行相关安全规定，防止火灾事故。

7）登高作业时应按规定使用安全带，防止人员坠落。

8）直埋敷设开挖路面时，应将路面铺设材料和泥土分别堆置，堆置处和沟边应保持不小于 300mm 的通道，堆土高度不宜高于 0.7m，防止滑落伤人。

（2）关键工艺质量控制。

1）电缆施工前应进行校潮，如果发现电缆受潮，应进行去潮处理，进行电缆受潮的判断或试验，合格后方能敷设。

2）聚氯乙烯或聚乙烯护套且外层涂有石墨层的电缆，应用 1000V 绝缘电阻表测其护套绝缘，数值应不小于 20MΩ。

3）无挡板的电缆盘，如盘边高出电缆面 5cm，允许滚动；如地面松软或不平时，则须衬垫硬板或槽钢，铺平后再滚动，防止电缆受到机械损伤。

4）电缆的最小弯曲半径应符合表 6-1 的规定。

5）电缆终端的电力电缆应留有不打圈的余线，余线的长度为 1.5～2m。

6）禁止将电缆直接平行敷设在其他管道的上面或下面。

7）电缆的放线架应放置稳妥，钢轴的强度和长度应与电缆盘的重量和宽度相配合。

8）敷设有垂直落差的电缆线路时，电缆盘必须有可靠的制动装置。

9）通过工井口等狭小区域的电缆应从光滑的波纹软管中穿过。

10）电缆进排管口应套上光滑的喇叭口。

11）对同沟预敷设的电缆，在封帽外还须再套铅套或其他槽盒，内浇灌密封胶来防潮。

12）数根电缆并列敷设时应排列整齐，弯度一致，标识清晰，尽量避免出现交叉；相邻的接头宜错开布置，并采取防火防爆措施，严禁在变电站电缆夹层、桥架及竖井等电缆线路密集区域布置电力电缆接头。

13）电缆穿越变电站、配电站层面，应进行防火封堵。

14）电缆穿入变电站、配电站、工井、隧道及电缆沟的孔洞口应进行防水密封封堵。

15）直埋敷设电缆前要挖掘足够数量的样洞，样沟深度应大于电缆敷设深度，摸清地下设施的情况，以确定新电缆的正确走向。

16）直埋敷设电缆经过有酸、碱等严重腐蚀性地区，应先采集土壤样品，测试其pH值，如pH值小于6或大于8，须采取必要的保护措施后才能施工。

17）直埋敷设的电缆上下应铺以不小于100mm厚的软土或沙层，并加盖保护板，其覆盖宽度应超过电缆两侧50mm，保护盖板应盖在电缆中心，不能倾斜，保护板之间都必须前后衔接，不能有间隙。保护板上方应设置带有电缆标志的警示带，警示带宽度不应小于保护板宽度。直埋电缆外皮至地面深度不得小于0.7m，当位于行车道或耕地下时，应适当加深，且不得小于1m。

18）直埋敷设电缆回填前，应经过隐蔽工程验收合格，并分层夯实。回填料的夯实系数一般不宜小于0.94，回填土中不应含有石块或其他硬质物。

19）在电缆进入建筑物或与地下建筑物交叉等情况下，当其长度不超过5m时，允许埋设较浅，但必须在电缆上部有加强保护措施。电缆外皮至地下构筑物基础不得小于0.3m。

20）电缆接地点在互感器以下时，接地线应直接接地；接地点在互感器以上时，接地线应穿过互感器接地。

表6-1　电缆的最小弯曲半径

项目	35kV及以下的电缆				66kV及以上的电缆
	单芯电缆		三芯电缆		
	无铠装	有铠装	无铠装	有铠装	
敷设时	$20D$	$15D$	$15D$	$12D$	$20D$
运行时	$15D$	$12D$	$12D$	$10D$	$15D$

注　1. D表示成品电缆标称外径。
　　2. 非本表范围电缆的最小弯曲半径按制造厂提供的技术资料的规定。

2. 外护套检修

（1）安全注意事项。

1）在电缆工井、竖井内作业时，应事先做好有毒有害及易燃气体测试，并做好通风，防止发生人员中毒事故。

2）动火应严格执行相关安全规定，防止火灾事故。

3）登高作业时应按规定使用安全带，防止人员坠落事故。

（2）关键工艺质量控制。

1）处理范围为故障点及两侧100mm内的电缆外护套。

2）应按先后顺序绕包绝缘带、防水带，然后用半导电带恢复外电极，最后绕包

PVC 带。

3）外护层修复后应测量外护套绝缘电阻，数值应符合相关规定。

6.5.2.2 110（66）kV 及以上本体检修

1. 整体更换

（1）安全注意事项。

1）拆除老电缆前仔细核对电缆的铭牌和线路名称与工作票所写相符，确认无误后方能施工。

2）拆除老电缆前对电缆进行验电、放电后挂接地线，防止人员触电事故。

3）电缆盘在地面滚动时，必须按电缆绕紧的方向滚动，且外出头要扣紧，防止电缆松脱砸伤人员。

4）电缆盘的吊装应符合相关规定。

5）在电缆工井、竖井内作业时，应事先做好有毒有害及易燃气体测试，并做好通风，防止发生人员中毒事故。

6）动火应严格执行相关安全规定，防止火灾事故。

7）使用吊车时应严格执行相关规定，防止人员受伤或设备受损。

8）登高作业时应按规定使用安全带，防止人员坠落事故。

（2）关键工艺质量控制。

1）施工环境的温度及湿度应满足厂家的要求。

2）施工前应对电缆进行校潮，如果发现电缆受潮，应进行去潮处理之后方能敷设。

3）聚氯乙烯或聚乙烯护套且外层涂有石墨层的电缆，应用 1000V 绝缘电阻表测其护套绝缘，数值应不小于 50MΩ。

4）无挡板的电缆盘，如盘边高出电缆面 5cm，允许滚动；如地面松软或不平时，则须衬垫硬板或槽钢，铺平后再滚动，防止电缆受到机械损伤。

5）大型的电缆盘移动需转角度时，必须用半圆铁枕在内侧盘边使之转角度。

6）电缆的最小弯曲半径应符合表 6-1 的规定。

7）电缆的放线架应放置稳妥，钢轴的强度和长度应与电缆盘的重量和宽度相配合。

8）敷设有垂直落差的电缆线路时，电缆盘必须有可靠的制动装置。

9）敷设在工井内的电缆，当电缆盘不停在工井口的上方时，在电缆盘与电缆工井口之间须搭建牢固的放线架子，使电缆平滑地过渡，以确保电缆的弯曲半径，并防止电缆护层的损坏。

10）用于敷设电缆的排管在敷设前必须进行管道疏通工作，确保所用的管通畅通，内壁光滑。

11）通过工井口等狭小区域的电缆应从光滑的波纹软管中穿过。

12）电缆进排管口应套上光滑的喇叭口。

13）用牵引机等机械引拉电缆时，除短段电缆可用钢丝网套牢牵引外，其余均须通过牵引头来引拉电缆，牵引机的牵引速度一般为 6～7m/min。

14）敷设电缆时，转弯处的侧压力应符合制造厂的规定，无规定时，不得大于 3kN/m，尤其是在转弯角度小于 120°或有多处转弯时，应在转弯前增加辅助措施，如增大弯曲半径、增加转角滑轮、使用输送机等，使电缆经过转角后，无明显的变形。

15）机械牵引敷设电缆时，应在牵引头或钢丝网套与牵引钢缆之间装防捻器。

16）用输送机与牵引机相配合或同时使用两台及以上输送机时，应使用联动装置，并用合适的通信器材组成一个通信联络网。

17）敷设回流线时，应使其处在中相与边相的间隙靠近中相 1/3 处，并在敷设一半时跨过中相，走中相与另一边相之间。

18）应采用非易燃性外护层的电缆，或采取涂刷防火涂料、包防火带、装防火槽、装防火隔板等措施。

19）用于固定单芯电缆及分相后的单相电缆的夹具不应构成闭合磁路，即夹具或半只夹具用铜、铝或其他非磁性材料。

20）电缆穿越变电站、配电站层面，应用防火堵料封堵。

21）电缆穿入变电站、配电站、工井、隧道及电缆沟的孔洞口应封堵密封，并能有效防水。

2. 外护套检修

（1）安全注意事项。

1）在电缆工井、竖井内作业时，应事先做好有毒有害及易燃气体测试，并做好通风，防止发生人员中毒事故。

2）动火应严格执行相关安全规定，防止火灾事故。

3）登高作业时应按规定使用安全带，防止人员坠落事故。

（2）关键工艺质量控制。

1）处理范围为故障点及两侧 100mm 内的电缆外护套。

2）破损的护套残留物应清理干净。

3）修补用的塑料粒子应熔融充分，填满护套的破损处，无间隙和气泡。

4）应按先后顺序绕包绝缘带、防水带，然后用半导电带恢复外电极，最后绕包 PVC 带。

5）外护层修复后应测量外护套绝缘电阻。

6.5.2.3 35kV 及以下附件检修

1. 电缆接头检修

（1）安全注意事项。

1）在电缆工井、竖井内作业时，应事先做好有毒有害及易燃气体测试，并做好通风，防止发生人员中毒事故。

2）动火应严格执行相关安全规定，防止火灾事故。

3）油纸电缆接头的废弃物应及时清除，防止火灾事故。

（2）关键工艺质量控制。

1）施工环境的温度及湿度应满足生产厂家的要求。

2）接头前，应对电缆进行校潮。

3）剥切电缆外半导电层时不得损伤绝缘结构。

4）护套断口应均匀整齐，无尖角和缺口。

5）热缩管热缩要均匀无气泡和炭化痕迹。

6）绝缘镜面处理后电缆直径应注意过盈配合要求，绝缘表面处理应光洁、对称。

7）选择与电缆截面相匹配的模具进行压接，压接后压接管表面应保持光洁，无毛刺。

8）预制件定位前应在接头两侧做标记，并采用均匀涂抹硅脂、使用 N_2、定位后施放余气等方法检查预制件表面是否有损伤。

9）接地网、线锡焊要牢固、平整、无毛刺。

10）直埋接头应安装保护盒。

2. 电缆终端检修

（1）安全注意事项。

1）动火应严格执行相关安全规定，防止火灾事故。

2）油纸电缆接头的废弃物应及时清除，防止火灾事故。

3）登高作业时应按规定使用安全带，防止人员坠落事故。

（2）关键工艺质量控制。

1）施工环境的温度、湿度及洁净度应满足生产厂家的要求。

2）接头前，应对电缆进行校潮。

3）户外电缆终端应使用专用定位支架。

4）剥切电缆外半导电层时不得损伤绝缘结构。

5）护套断口应均匀整齐，无尖角和缺口。

6）热缩管热缩要均匀无气泡和炭化痕迹。

7）绝缘镜面处理后电缆直径应注意过盈配合要求，绝缘表面处理应光洁、对称。

8）选择与电缆截面相匹配的模具进行压接，压接后压接管表面应保持光洁，无毛刺。

9）增绕半导电带的尺寸、直径应符合工艺要求。

10）预制件定位前应将电缆表面清洁干净，并均匀涂抹硅脂。

11）接地网、线锡焊要牢固、平整、无毛刺。

12）户内预制电缆终端，预制件下口与电缆应保持大于 100mm 的直线距离。

13）电缆终端不宜相序交叉接引。

6.5.2.4 110（66）kV 及以上附件检修

1. 整体更换

（1）安全注意事项。

1）动火应严格执行相关安全规定，防止火灾事故。

2）登高作业时应按规定使用安全带，防止人员坠落事故。

3）使用吊机或吊车时，应严格执行相关规定，防止发生人员受伤。

（2）关键工艺质量控制。

1）施工现场应做到环境清洁，有防尘、防雨措施，温度和湿度应符合生产厂家的工艺要求。

2）按照工艺文件要求，检查附件尺寸及支架尺寸是否匹配。

3）按生产厂家的工艺要求，对电缆进行校潮，并加热校直。

4）应对金属护套断口进行打磨处理，去除毛刺，以防损伤绝缘。

5）绝缘表面处理后电缆的直径应符合生产厂家的工艺要求，通过 x、y 轴多点测量的公差，判断绝缘是否符合过盈配合要求，绝缘表面处理应光洁、对称。

6）外半导电屏蔽层的锥形过渡应平滑、光洁，断口蛇形误差应符合生产厂家的工艺要求。

7）压接方式和工具应符合附件生产厂家工艺要求，压接后压接管表面应保持光洁、无毛刺。

8）在套入应力锥前，应先检查套入部件的次序和方向。

9）接头上金具、瓷套密封、尾管部分的螺栓应使用力矩扳手按生产厂家的工艺要求中规定的力矩拧紧。

10）架空线与电缆终端的连接方式应考虑降低风振对电缆终端密封的影响，架空线引线应经支撑绝缘子连接到电缆终端，不得直接连接电缆终端。

11）尾管与金属护套连接处的密封处理应电气连接良好，密封可靠，无渗漏。

12）如采用搪铅方式密封，搪铅时间宜小于30min，防止损伤电缆绝缘。

13）电缆剥切、导体连接、绝缘处理、密封防水保护层处理、相间和相对地距离应符合生产厂家的工艺、设计和运行规程要求。

14）终端进行刚性固定，终端下方一定距离内保持平直，并做好终端的机械防护和阻燃防火措施。

15）按设计要求做好电缆终端的接地。

16）终端标志牌应字迹清晰、安装规范。

2. 电缆终端套管更换

（1）安全注意事项。

1）动火应严格执行相关安全规定，防止火灾事故。

2）登高作业时应按规定使用安全带，防止人员坠落事故。

3）使用吊机或吊车时，应严格执行相关规定，防止发生人员受伤。

（2）关键工艺质量控制。

1）原套管拆除后应对电缆本体做好密封防潮措施，防止电缆受潮。

2）替换套管在安装前应使用无水酒精彻底清洗套管内壁，并在清洗后确保酒精的充分挥发，保证套管内壁的洁净度满足生产厂家的工艺要求。

3）套管在安装前应使用水平仪检查安装平面的水平度，保证终端套管的垂直安装。

4）套管的固定螺栓应使用力矩扳手按照规定的力矩进行紧固。

6.5.2.5 附属设备检修

1. 接地线和回流线的更换

（1）安全注意事项。

1）在电缆工井、竖井内作业时，应事先做好有毒有害及易燃气体测试，并做好通风，防止发生人员中毒事故。

2）登高作业时应按规定使用安全带，防止人员坠落事故。

（2）关键工艺质量控制。

1）接地线和回流线应采用带护层的单芯电缆，且安装孔的尺寸符合设计要求。

2）选用适合的压接钳和匹配的压接模具进行线鼻的压接。

3）根据接头盒引出相位，在接地线上正确绕包相色带，接地线应有明显的接地标志。

4）接地线和回流线的转弯半径应满足最小允许弯曲半径的要求。

5）接地线和回流线的安装位置不应妨碍设备的拆卸和检修，便于检查。

6）接地线和回流线的安装应保持平直，在直线段上不应有高低起伏及弯曲等状况。

7）接地线跨越建筑物伸缩缝、沉降缝处时，应设补偿器，补偿器可用接地线本身弯成弧状代替。

8）接地线采用金属编织线时，与电缆金属护套应焊接牢固，无虚焊。

2. 接地箱检修

（1）安全注意事项。

1）使用打孔器或电钻应符合相关规定，防止人员受伤。

2）接取低压电源时，检查漏电保安器动作可靠。

（2）关键工艺质量控制。

1）接地箱的箱体必须有接线图和铭牌。

2）接地箱应固定在电缆支架的适当位置，便于运行维护。

3）接地箱体应可靠接地，箱体应采用非磁性金属材料，无锈蚀、破损和变形。

6.5.2.6 例行检查

1. 安全注意事项

（1）在电缆工井、竖井内作业时，应事先做好有毒有害及易燃气体测试，并做好通风，防止发生人员中毒事故。

（2）登高作业时应按规定使用安全带，防止人员坠落事故。

2. 关键工艺质量控制

（1）绝缘套管和绝缘子表面清洁，无缺口、裂缝和放电痕迹。

（2）电缆外露部分无明显缺损和变形。

（3）铜接头无松动、脱焊、烧毛和锈蚀等现象。

（4）终端引出线应采用不锈钢螺栓紧固。

（5）接地线应符合标准并连接良好。

（6）电缆接地箱的箱体和门锁应完好，锈蚀严重的应更换。

（7）电缆支架、接地扁铁等金属构件有锈迹的应除锈、油漆，锈蚀严重的应更换。

（8）电缆支架、抱箍、保护管应装置牢固，锈蚀严重的应除锈、油漆或更换。

（9）非直埋敷设的电缆、接头应按规定固定在电缆支架上。

（10）电缆防火槽盒无损坏，电缆防火带无破损和松脱，防火涂料应正确涂刷。

（11）电缆孔洞封堵无渗漏。

（12）充油电缆的供油系统应完好，油压在规定范围内。

（13）充油电缆的供油压力箱、压力箱支架和压力箱罩无破损，锈蚀严重的压力箱应更换。

（14）油压、温度、积水、电源失电压等示警系统应工作正常。

（15）充油电缆的金属信号端子箱无锈蚀，箱内端子铭牌编号清晰，信号盘上的继电器应校验合格。

(16) 户内GIS终端硅油膨胀瓶的油位及户内、户外终端硅油压力箱的压力应符合生产厂家的规定。

(17) 电缆标识牌名称应与电气图符合，相色应明显正确，字迹应清晰，无锈蚀，装置符合标准。

(18) 工井井盖和电缆沟盖板应完好无损。

(19) 电源、照明、排水系统应完好。

(20) 电缆沟及电缆层内的防火隔断应完好无损。

6.5.3 典型案例分析

××变1号电抗器B相电缆发生终端击穿事故，现场情况如图6-34所示，电缆位置如图6-35所示。

图6-34 电缆终端击穿事故现场

图6-35 故障电缆位置

从图6-34来看，击穿位置为终端冷缩预制件应力锥约5cm位置，具体原因需要解剖分析。

检修人员对该条电缆终端头开展了解体分析，发现如图6-36所示结果。

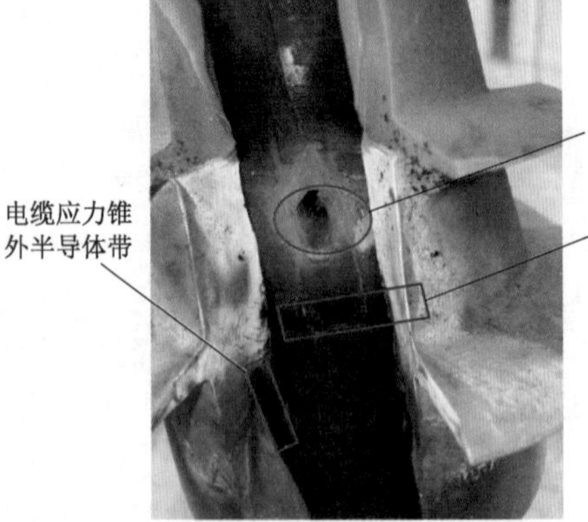

图6-36 B相电缆解剖

从现场解剖结果来看，B相电缆半导电层上方位置的主绝缘已经发生了贯穿性击穿，该缺陷是由过电压引起的。

工艺中对半导体带的切断位置有明确要求，铜屏蔽上方应留下20mm半导体带，内半导体带断口处与应力锥外半导体带可靠连接，图6-37所示和半导体带和应力锥同样处于低电位位置，相当于通过应力锥将半导体带断口处进行延伸，这样，原本集中在半导体带断口处的电力线会沿应力锥的几何形状进行均匀分布，改善电场分布，降低了电晕产生的可能性，减少了对绝缘的破坏，保证了电缆的运行寿命。应力锥安装前后的电场分布情况如图 6-37 和图 6-38 所示。

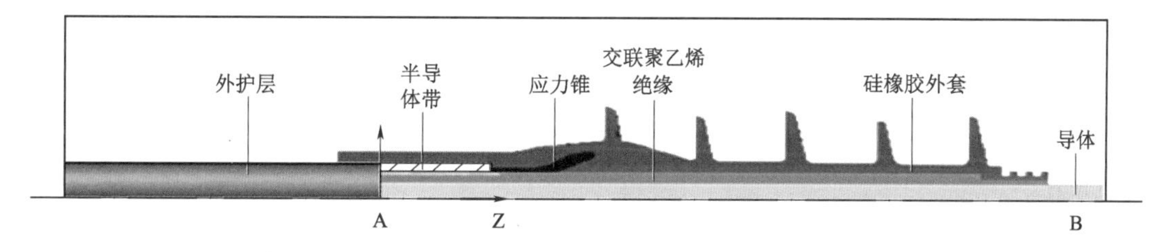

图 6-37　电缆应力锥安装位置

但是从现场解剖结果来看，××变 1 号电抗器 B 相电缆终端头的安装工艺存在以下问题：

（1）安装工艺中，要求余留的户外用电缆的导体长度应为 590mm，但实际导体长度为 500mm，与技术标准要求不符。

（2）内、外半导体带搭接错位，如图 6-39 所示。

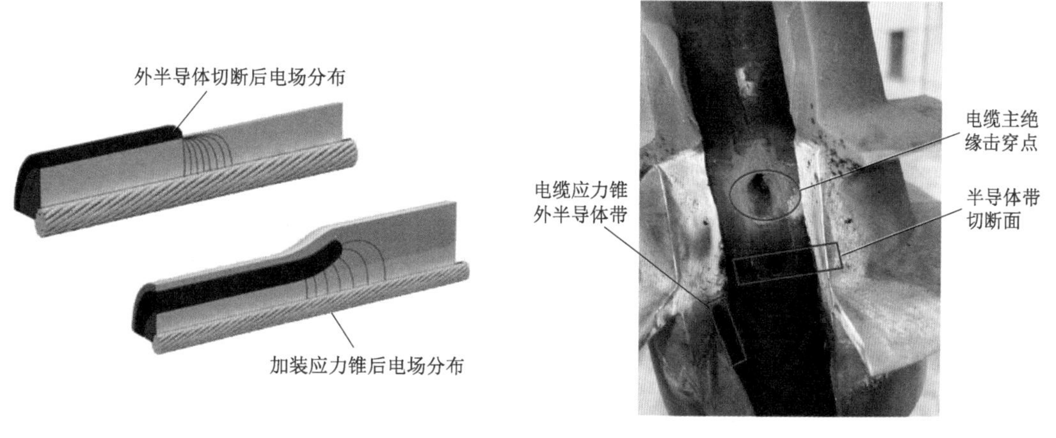

图 6-38　应力锥对电场的改善作用

图 6-39　内、外半导体带搭接错位

以上问题的存在使得该电缆终端头电场分布密集点由应力锥上移至半导体带断口，应力锥无法正常起作用，导致电缆终端头位置的电场强度极度不均匀，持续破坏该点附近的绝缘性能，加速绝缘老化，当系统产生过电压时，在该点附近的绝缘薄弱点产生绝缘击穿。

附件1 现场勘察记录

现场勘察记录

勘察单位：______________ 部门（班组）：______________ 编号：______________

勘察负责人：________________________ 勘察人员：________________________

勘察设备的双重名称（多回应注明双重称号）：

____

工作任务［工作地点（地段）以及工作内容］：____________________________

____

现场勘察内容：

1. 工作地点需要停电的范围：
2. 保留的带电部位：
3. 作业现场的条件、环境及其他危险点：
4. 应采取的安全措施：
5. 附图与说明：

记录人：__________ 勘察日期：______年___月___日___时___分至___日___时___分

附件 2　大型检修项目检修方案

______站检修方案（模板）

______公司______站计划于______年____月____日至____月____日期间开展大（中）型检修，为保证各项工作安全有序开展，特制定本措施。

1. 编制依据

根据状态评价、精益化评价、技改大修项目以及停电计划批复。

2. 工作内容

______站大（中）型检修安排检修设备______台，完成技改项目______项，大修项目______项。共计消缺______项，隐患治理______项，精益化评价问题治理______项。

3. 检修任务

3.1　检修范围

此处简述本次检修涉及的所有设备。

3.2　技改项目

此处简述技改主要内容（附表 1）。

3.3　大修项目

此处简述大修主要内容（附表 2）。

3.4　主要消缺项目

此处简述消缺主要内容（附表 3）。

3.5　隐患治理项目

此处简述隐患治理主要内容（附表 4）。

3.6　反措执行项目

此处简述反措执行主要内容（附表 5）。

3.7　精益化评价整改项目

此处简述精益化评价整改主要内容（附表 6）。

4. 组织措施

4.1　领导小组

明确领导小组（含人员名单）。

4.2　现场指挥部

明确现场指挥部组织机构，明确各工作组负责人及安全监察人员名单。

4.3　各作业面分工及人员安排

此处简述检修工作分几个作业面，负责人几人，参加检修人员来源，共多少人（附表 7）。

5. 安全措施

此处对检修中整体性和交叉性工作进行危险点分析，制定预控措施：各作业面具体危险点分析和控制措施纳入各作业面的作业方案中。

6. 技术措施

此处描述整体性技术保障措施，各作业面具体技术保障措施纳入各作业面的作业方案中。

7. 物资采购保障措施

简述物资采购控制措施，检修所需物资列入采购情况表（附表 8）。

8. 进度控制保障措施

进度图及关键路径控制措施，特殊情况应对措施，检修进度表（附表 9）。

9. 检修验收工作要求

验收工作小组名单及分工。

10. 作业方案

对每个作业面分别制定作业方案（附件），共________个作业方案。

附表 1　____________站技改项目

序号	技改内容及工期				项目负责人	所需物资	备注
	设备名称	技改原因	技改内容	工期/h			
1							
2							
3							
4							
5							

附表 2　____________站大修项目

序号	大修内容及工期				项目负责人	所需物资	备注
	设备名称	大修原因	大修内容	工期/h			
1							
2							
3							
4							
5							

附表 3　____________站消缺项目

序号	消缺内容及工期				项目负责人	所需物资	备注
	设备名称	缺陷内容	缺陷性质	工期/h			
1							
2							
3							
4							
5							

附表 4　____________站隐患治理项目

序号	隐患治理内容及工期					项目负责人	所需物资	备注
	设备名称	隐患描述	隐患性质	治理措施	工期/h			
1								
2								
3								
4								
5								

附表 5　____________站反措执行项目

序号	反措执行内容及工期					项目负责人	所需物资	备注
	设备名称	问题描述	对应反措	治理措施	工期/h			
1								
2								
3								
4								
5								

附表 6　____________站精益化评价整改项目

序号	整改内容及工期				项目负责人	所需物资	备注
	设备名称	整改原因	整改内容	工期/h			
1							
2							
3							
4							
5							

附表 7　____________站检修作业面一览表

序号	作业面名称	工作内容	检修时间	工作负责人	施工单位负责人	安全监督人	验收负责人
1							
2							
3							
4							
5							

附表 8 ＿＿＿＿站检修物资到货情况一览表

序号	物资名称	型号	单位	数量	供货厂家	预计到站时间	到货情况	负责人	备注
1									
2									
3									
4									

附表 9 ＿＿＿＿站检修各作业面检修进度一览表

序号	项目内容	×月×日	×月×日	×月×日	×月×日	×月×日	×月×日	×月×日	×月×日

附件

＿＿＿＿站＿＿＿＿作业面作业方案

1. 工作内容
2. 停电范围及停电时间
3. 人员安排及进度控制
4. 关键工艺质量控制措施
5. 风险辨识与预控措施
6. 验收关键环节

附件3 小型检修项目检修方案

××站××项目检修方案

变电站		
项目名称		
分项名称	具 体 内 容	说 明
项目内容		项目内容、工期安排等
人员分工		应符合组织措施要求。明确责任人及作业人员
停电范围		停电设备、相邻带电部分等
危险点分析与预控措施		应符合安全措施要求。应在标准作业卡中落实
关键质量点及管控措施		应符合技术措施要求。应在标准作业卡中落实
主要工机具及备品备件		项目所需的主要工机具及备品备件

填写日期：__________ 编写人：__________ 审核人：__________ 批准人：__________

附件4　标准作业卡

×××故障处理分析报告（模板）

××公司

（×年×月×日）

1. 故障概述

变电站概况、故障发生前后运行方式变化、导致的后果及恢复情况等。

2. 检查处理情况

相关信号及现场检查情况，处理的主要过程和结果。

3. 原因分析

故障发生的原因及发展机理，附相关图片。

4. 下一步工作安排

5. 暴露的问题

找出故障暴露出的各类问题。

6. 反措及建议

针对故障暴露出的问题，提出防止同类故障发生的组织措施和技术措施。

7. 附件

故障设备铭牌参数、上次检修时间、缺陷记录、故障录波图、事件记录、相关检查试验报告、数码图像等。

附件5 安全技术交底记录

检修项目名称	××变电站××检修项目现场安全技术交底
交底地点	
交底日期	
交底人	
参与单位	
交底内容	安全技术交底应包含以下内容： (1) 检修内容、停电方案、任务分工、总体进度安排、检修方案等。 (2) 停电范围、带电部位、安全措施、技术措施、作业过程中存在的安全风险及具体防范措施等。 (3) 紧急情况应急处理措施等。 (4) 文明施工要求。 (5) 其他需要交底的内容
参会人员签名	

附件6 验收标准作业卡

________站检修验收标准作业卡

验收人员			验收时间		
序号	验收项目	验收标准	检查方式	验收结论（是否合格）	验收问题说明
1					
2					
3					
4					
5					
……					

附件7 验 收 报 告

________站检修验收报告

<table>
<tr><td colspan="4">1. 验收简况</td></tr>
<tr><td>验收项目</td><td></td><td>验收时间</td><td></td></tr>
<tr><td>验收依据</td><td colspan="3"></td></tr>
<tr><td>验收组织及验收情况简述</td><td colspan="3"></td></tr>
<tr><td colspan="4">2. 存在的问题及整改要求</td></tr>
<tr><td>存在的问题</td><td colspan="3"></td></tr>
<tr><td>整改要求</td><td colspan="3"></td></tr>
<tr><td colspan="4">3. 班组验收意见
签字：
日期：</td></tr>
<tr><td colspan="4">4. 指挥部验收意见
签字或盖章：
日期：</td></tr>
<tr><td colspan="4">5. 领导小组验收意见
签字或盖章：
日期：</td></tr>
</table>

附件8 检 修 总 结

________站检修总结（模板）

1. 检修总体情况介绍

本次检修计划工期为××××年××月××日至××日，共×天。××月××日××：××分，调度下令年修工作开工，××月××日，检修工作全部完成并于×××分向调度报完工。××：××分××投入运行正常。本次检修期间完成×××个操作任务，共操作××办理工作票××张，其中一种票××张，二种票××线路一种票××张。抢修单××张。工作票及操作票合格率××%。

2. 检修项目完成情况

2.1 常规项目完成情况

本次检修计划完成常规项目××项，实际完成××，计划完成率×%。项目及完成情况见附表1。

2.2 技改项目完成情况

本次检修计划完成特殊项目××项，实际完成××，计划完成率×%。项目及完成情况见附表2。

2.3 大修项目完成情况

本次检修计划完成技改项目××项，实际完成××，计划完成率×%。项目及完成情况见附表3。

2.4 消缺项目完成情况

本次检修计划完成消缺治理项目××项，实际完成××项，计划完成率×%。项目及完成情况见附表4。

2.5 隐患治理项目完成情况

本次检修计划完成隐患治理项目××项，实际完成××项，计划完成率×%。项目及完成情况见附表5。

2.6 精益化评价整改项目完成情况

本次检修计划完成精益化评价整改项目××项，实际完成××项，计划完成率×%。项目及完成情况见附表6。

3. 目前设备遗留问题及所采取的措施

列出变电站还存在的遗留问题，说明原因，分析对安全运行的影响以及拟采取的措施。遗留问题及采取的措施见附表7。

若有其他需要详细说明的事项，请附上详细报告。

附表 1　常规项目完成情况

序号	常规修试项目	完 成 情 况	备　注
1			
2			
3			

附表 2　技改项目完成情况

序号	技 改 项 目	完 成 情 况	备　注
1			
2			
3			

附表 3　大修项目完成情况

序号	大 修 项 目	完 成 情 况	备　注
1			
2			
3			

附表 4　消缺项目完成情况

序号	消 缺 项 目	完 成 情 况	备　注
1			
2			
3			

附表 5　隐患治理项目完成情况

序号	隐患治理项目	完 成 情 况	备　注
1			
2			
3			

附表 6　精益化评价整改项目完成情况

序号	精益化评价整改项目	完 成 情 况	备　注
1			
2			
3			

附表 7　遗留问题及控制措施

序号	遗 留 问 题	控 制 措 施	备　注
1			
2			
3			

参 考 文 献

[1] 国网（运检/3）831—2017. 国家电网公司变电检修通用管理规定 [S]. 2017.
[2] 国家电网设备〔2018〕979号. 国家电网公司十八项电网重大反事故措施 [R]. 2018.
[3] 国家电网企管〔2017〕1068号. 变电站设备验收规范 [R]. 2017.
[4] 王树声. 变电检修 [M]. 北京：中国电力出版社，2010.
[5] 雷玉贵. 变电检修 [M]. 北京：中国水利水电出版社，2006.
[6] 潘巍巍，吕朝晖. 变电设备精益化检修技术 [M]. 北京：中国水利水电出版社，2018.
[7] 吕朝晖，朱建增. 110kV变压器及有载分接开关检修技术 [M]. 北京：中国水利水电出版社，2016.
[8] 陈敢峰. 变压器检修 [M]. 北京：中国水利水电出版社，2005.